時光列車

佩蒂·史密斯——著
非爾——譯

M Train

By Patti Smith

獻給山姆

導讀

行向昨日的旅程

文／陳德政

一天傍晚，我們走過第八街，聽到〈因為夜晚〉（Because the Night）從一家接一家的店鋪破門而出。那是我和布魯斯．史普林斯汀的合作，它上升到單曲榜第十三名，實現了羅柏對我有朝一日做出一張熱門唱片的夢想。

羅柏毫不掩飾為我的成功而驕傲，這是他期望的，也是他對我們倆所期望的，「佩蒂，妳比我先出名啦！」

——《只是孩子》

時間是一九七八年的夏天，彼時的佩蒂．史密斯三十一歲。

熱浪席捲著紐約市，距離兩人不遠的華盛頓廣場，成為市民的避暑勝地，情侶躲在樹蔭下替對方搧風，清涼的噴水池邊，戴著洋基棒球帽的黑人兜售著廉價的大麻。幾個嗑嗨的小鬼用滑板墊著頭，軟綿綿躺在草地上，從他們瞇起的眼中看來，威風凜凜的世貿雙塔像是兩根剛從冰庫裡拿出的冰棒，鋼筋水泥滲出的汗在曼哈頓的天幕中化成了兩圈白煙。

當年，教宗若望．保祿一世在位僅僅三十四天與世長辭，梵蒂岡在一年之內更換了三任教宗；美蘇兩強展開軍備競賽，競相囤積核武，準備進入第二次冷戰；美國政壇首位公開出櫃的政治人物哈維．米爾克，遭到舊金山議會的同事射殺身亡；再過兩年，約翰．藍儂會在中央公園對面的達科塔大廈前倒在自己的血泊裡。

整個世界正在慢慢蛻去純真，新的秩序即將被建立起來。同時，新的技術也將搬上檯面，而新一代的偶像已經準備好接受崇拜。

那一年，Sony開始研發隨身聽，將永遠改變人類聽音樂的方式；Apple II個人電腦和軟碟機連上了線，有能力儲存更多的資料；《星際大戰》一舉囊括了七個奧斯卡獎項，原力從此無所不在。遙遠的太平洋彼端，村上春樹一個人坐在明治神宮球場的外野看台，安靜喝著冰啤酒，他目睹一記從本壘板飛越過來的安打，忽然生出了寫小說的念頭。

一九七八，也是我出生的年份，民航機艙內仍可大方地抽菸，冥王星尚未被逐出九大行星的行列；尼克隊球員留著落腮鬍、穿合身短褲，把運動襪拉高到小腿肚的位置，腳踩低筒的膠底鞋。相較於我們熟悉的當代，那是個截然不同的年代，擁有不同的信仰與習慣，也有不同的壓抑與禁忌。

寫在《獨立宣言》裡「人皆生而平等」的美國立國精神，仍因諸多流傳於社會的潛規則無法一體適用：哈林區旁的哥倫比亞大學，依然限制著猶太新生所佔的比例；翻開流行金榜，男性藝人各個雄霸一方，能被大眾接納的女歌手不是哼著老氣的鄉村音樂，便將自己打扮得光鮮亮麗跳著迪斯可。她們被唱片公司賦予某種安全無害的特質，在既定的框架裡背誦著別人替她寫好的歌。

佩蒂．史密斯的出現，以及她所獲得的成功，怎麼看都是個異數。〈因為夜晚〉出自她在同年稍早發行的專輯《復活節》（*Easter*），至今仍是她生涯最暢銷的一張作品。封面採用她的上身照，照片中她身穿淺色背心，低頭凝視前方，雙手舉高按住後腦勺，自然露出胳肢窩裡的腋毛。

那姿態看似那麼漫不經意，彷彿理所當然，但嚴謹如她，創作意圖中恐怕沒什麼細節是真的不經意的，一切都是有意為之，且飽含象徵性。從專輯名稱的宗教意涵、歌名的選擇、印在內頁的詩人韓波照片（他是佩蒂的文學燈塔），乃至感謝名單裡的搖滾俱樂部CBGB、法國新浪潮導演高達，無一不是細細思量過的結果。

別忘了，成為龐克歌手之前，佩蒂曾經出版過幾本詩集——詩人，是她「藝術家本心」裡的優先設定。而詩人所擅長的，是將被海浪拍打到沙灘上的字像貝殼般一個個拾起，串成一條發光的項鍊；每個字都千錘百鍊，字句間埋下了豐饒的線索，在讀者心裡敲出深邃的回音。

那幀照片卻敲出了不少負面的雜音，有媒體挖苦，女人理應剃毛，專輯封面不符合世俗禮儀，難登大雅之堂。保守的南方各州，有些唱片行擔心顧客感到被冒犯，拒絕讓專輯上架。這並非佩蒂第一次挑戰大眾觀感了，一九七五年她的出道大碟《群馬》（*Horses*）由羅柏拍攝的封面照裡，她神情肅穆，帶著些許哀傷，身著一件素簡的白襯衫，中性的扮相全然顛覆了傳統女歌手的形象。

《復活節》製造的雜音還不只這一樁，裡頭收錄了一首極富爭議性的歌，歌名叫做〈搖滾黑鬼〉（Rock N Roll Nigger），不消說，Nigger是極度敏感的字眼，主流電台全面禁播。佩蒂的用意卻不是為了挑釁他們，恰好相反：歌詞中，她用悲憫又憤慨的語氣，呼喚著飽受磨難的黑人同胞，要他們反抗白人社會強加的價值觀。

她替自己，也替其他人重新定義了身分認同這件事，在她尖銳的詞句下，吉他之神吉米．罕醉克斯當然是個黑鬼，抽象表現主義畫家傑克森．波拉克也是個黑鬼，就連耶穌基督都是黑鬼。光是在腦海中冒出那樣離經叛道的想法，多數人或許已經感受到一股無形的道德壓力了，何況是配上鏗鏘的樂聲，大聲表達出來呢？

不怕被人誤解，不怕得罪自己在乎的對象，試想，那需要多大的勇氣？

佩蒂比誰都清楚她的一言一行可能會掀起的波瀾，其中包括龐克的基本教義派，他們譴責佩蒂不該與鋒頭正健的史普林斯汀合作，那是譁眾取寵的商業舉動。然而，佩蒂之所以帶給美國社會強烈的衝擊，正是她不甩規範與教條下的種種「應該」，竭盡所能地去突圍，試圖推翻權威箝固下的現狀（拉丁文所謂的Status Quo）。

她是如此回應那些基本教義派的——對我來說，龐克搖滾不過是自由的另一種表現形式罷了。（To me, Punk Rock is just another word for freedom.）

又帥又漂亮的一句話對嗎？這裡我們將時序拉回現在，地點仍在紐約市。

這天是二〇一五年十月六日，佩蒂倍受期待的新書《時光列車》將在美國出版，是西方文化界的一件盛事。她的前一部回憶錄，也是初次以散文進行創作的《只是孩子》，問世後帶動了新一波的閱讀熱潮，書中生動描述的六〇、七〇年代次文化現場，許多讀者未能躬逢其盛，對那個奔騰的歲月燃起了高度的興趣。《只是孩子》叫好又叫座，贏得了國家書卷獎，還被電視頻道買下版權，計劃改編成影集。

在那些美麗的篇章內與佩蒂攜手闖蕩江湖的，便是文章開頭我們在格林威治村先行遇過的羅柏．梅普索普，兩人青春的身影穿梭在紐約下城各種喧囂刺激的場所：雀兒喜飯店、安迪．沃荷的「工廠」、吉米．罕醉克斯的電子淑女錄音室、馬克斯的堪薩斯城俱樂部等等；遠在布魯克林盡頭的康尼島海灘，也有他們倆並肩踩過的足跡。

因為這本書，羅柏與眾不同的才華再次獲得世人的瞭解與肯定，他重新走入了新世代閱聽人的視界，一齣關於他的傳記電影，片名暫定為《梅普索普》，已經進入前置作業了。

這些得來不易的收穫，佩蒂點滴在心頭，想必是感觸良多。《只是孩子》是羅柏臨終前她承諾寫給他的書，把年輕生命追夢所付出的代價，以及過程中的美妙與喜悅記載下來，也讓兩人之間猶如靈魂伴侶的情誼能夠延續下去。

但是，夢想實現以後呢？是不是不會再有挫折與煩惱，世界就此變成一個更好的地方？當你成為理想中的自己，那份理想會鏽蝕嗎？為了維護它，保護它，你得適時讓步做出妥協嗎？更深一層的問題：你會因為無情流逝的時間而改變嗎？

我們面對耗損的生活時，大概不太有力氣再去追問這些問題了，夢能圓就好，未來留給未來去擔心吧。然而曾被《只是孩子》感動過的讀者們，多少會好奇美夢成真後發生的種種；佩蒂畢竟是身體力行完成了好幾趟人生旅行的過來人（我猜她可能比較傾向於「倖存者」這個說法），該會有足夠的閱歷與智慧帶給我們答案。

舒適的早秋時節，黃昏的空氣中微微有一股即將轉涼的氣息，我站在布萊恩公園靠近第五大道與四十二街的走道上，身旁是紐約公共圖書館的側門。布萊恩公園是曼哈頓中城一座難得的綠洲，被摩天高樓環繞的翠綠草原，冬天會改裝成溜冰場，平日則鋪滿了野餐墊，有一群鴿子停歇在石階上。

今晚，《時光列車》的首場新書座談會將在圖書館的大禮堂隆重舉行，我和其他熱情的書迷先來排隊，希望等下坐到更好的位置。等待的空檔，我思索著上回看到她是什麼時候，又是在哪個場合。幾個不同的畫面和數字在腦中像吃角子老虎機上的圖案前後旋轉著，最終排成一行有意義的序列：是二〇〇五年底一場慶祝《群馬》專輯誕生三十週年的特別演出，場地在布魯克林音樂學院。

十年就這樣匆匆過去了，今年是《群馬》揚蹄四十週年。相較於已經走遠的過去，當下同樣是個截然不同的年代：隨身聽停產多時，我前後左右每個人都盯著智慧型手機；白宮裡住著一位黑人總統，同志婚姻受美國憲法保障成了公民權利；迪斯可舞曲再度蔚為風潮，而最新一集《星際大戰》的海報如壁紙貼滿了大街小巷，原力就要覺醒了啊。回望曼哈頓的南側天際線，則多了一道明顯的缺口。

歌壇上，有態度的搖滾女歌手不再是一種異類，她們享有發言權並廣獲鎂光燈矚目，會尊稱佩蒂一聲龐克教母，感謝她披荊斬棘，替後人開路。曾遭人譏諷不登大雅之堂的那名姑娘，如今是聲名顯赫的搖滾名人堂會員，以貴賓的身分，被公共圖書館這座知識的殿堂恭請入內。歷史總會在時光沉澱後，展示出它驚人的一面。

天色轉暗，周遭人潮越聚越多，多半是知識分子的模樣，平均年齡約莫中年。這幅人文薈萃的景象中，有個時髦的短髮女孩特別醒目，她頭髮染成鮮豔的紫，肩背一只托特包，上頭印著：Jesus died for somebody's sins but not mine.（耶穌不是因為我的罪孽而死）。

正是《群馬》第一首歌〈葛洛莉亞〉（Gloria）開頭的第一句話，也是佩蒂昭告世人「我來了！」的宣言。

群眾依序入席，禮堂播起了紐約傳奇樂團「地下絲絨」（Velvet Underground）的〈等待藥頭〉（I'm Waiting For The Man），是佩蒂常在演唱會中翻唱的歌。我在座位上翻閱著熱騰騰到手的《時光列車》，書封上佩蒂坐在一間咖啡館裡，表情若有所思，身前的小桌上擺了一台拍立得相機，書中的黑白照片全是她平日拍下的，一些生活紀錄，一些旅途中的景色，一些不明所以的神秘物件。

我一頁一頁慢慢翻著，一幀幀無聲的照片，框住了一個個靜止的瞬間。有些故事似乎呼之欲出，有些卻教人摸不著頭緒，突然間，主角從書封裡走出來了！聽眾起立鼓掌，佩蒂靦腆地笑笑，座談旋即開始。

她眼神銳利像鷹，一頭灰銀相間的蓬鬆長髮，身穿黑色大衣、牛仔褲與高筒靴，臉上的皺紋讓我意識到，佩蒂的年紀其實比我的母親還要長。她和主持人聊著童年的閱讀經驗、喜愛的作家與文學啟蒙，惹內的《竊賊日記》、希薇亞．普拉絲的墓地、蘇珊．桑塔格的旅行箴言、維吉尼亞．吳爾芙生前使用的手杖（那恰是圖書館最珍貴的館藏之一）都在談話的範圍。

台上的兩人引經據典，高來高去；台下的聽眾正襟危坐，略感壓力。哪部作品的藝術性，哪位作者的精神內涵，這真是一個文藝到不能再文藝的場合了。今夜的佩蒂是學問豐富的散文家，藝壇的標誌性人物，但我知道，她身體裡住了另一個她，那是我親眼看過，並且深深被撼動過的。

兩天後，我在布魯克林的聖約瑟夫學院重溫了那個熟悉的身影。

這是另一場新書講座，地點在學生活動中心，台上沒有主持人，沒有椅子，就佩蒂獨自站在那裡。趕抵會場時活動已經開始了，我擠在最後面，身邊的長桌擺滿了餅乾與礦泉水，座椅上大多是青年學子，面帶微笑專注地聽。佩蒂穿著同一套衣服，戴著眼鏡正在朗誦〈一山豆子〉這個章節，讀到逗趣的段落，惹得整場哄堂大笑，氣氛活絡又輕鬆，真是一場草根味十足的集會。

聖約瑟夫學院位在柯林頓大道，四周全是優美的褐石公寓，佩蒂六〇年代隻身來紐約蕩遊，第一站就先到這個街區投宿朋友的公寓。舊地重遊，她顯得尤其感性，以真摯的口吻侃侃而談，談自己寫作的習慣、家裡養的貓、最近喜歡的電影、給年輕創作者的建議（努力再努力），偶爾還會開些淘氣的玩笑。

天馬行空的Q&A時段，她和讀者親切地交流，從容應對各種問題。有人問：「如果人生可以重來，妳最想改變什麼事情？」佩蒂答：「我希望多花點時間陪伴我的母親，多聽她說說話。」有人問：「此時此刻，閉上眼睛，妳會看見誰？」

全場同時靜默下來。佩蒂深呼吸了一口氣，把眼睛閉上，等待著第一個浮現出來的人影。半晌後她睜開眼睛，平靜地說：「我會看見弗雷德，他是我的丈夫，也是我的男朋友，我們在一九七六年相遇，〈因為夜晚〉是寫給他的歌。」

講座尾聲，老搭檔藍尼．凱拿著一把民謠吉他從舞台側邊走了出來，他是出人意料的特別來賓，會場響起一陣熱烈的掌聲。藍尼瀟灑地彈了幾個和弦，正是〈因為夜晚〉的前奏。他和佩蒂之間共享著一種微妙的安定感，一個眼神點燃一個動作，舉手投足皆是被歲月熏陶過的默契，他們是踏過千山萬水的革命夥伴了。

飽經風霜的歌聲從佩蒂的咽喉深處傳出，夾帶濃烈的感情，一字一句，清清楚楚。一股強大的生命力轉換成熱能，真切感染了在場每一個人。曲畢，眾人起身歡呼，喝采聲不絕於耳，我漸漸回到了現實，發現剛才的自己被傳送到另一個時空的維度裡。

我想，《時光列車》這本書也擁有相同的魔力，每個章節都是一個時空的入口，我們在時間的軸線上自由跳躍，在空間的座標上任意穿行。沿途佩蒂安排了栩栩如生的細節與線索，也許是即將消失的物件，也許是重複出現的場所，讓讀者發掘與探索。

徘徊在過去與現在，遊走於想像與現實，我們看她對抗著身體的衰老，在漫長而持續積累的獨處時間裡，找尋生活的平衡，與那份簡單的快樂。仰慕的作家替她織起了一面星圖，寫作賜給心靈最純粹的慰藉；佩蒂的思緒在她細膩的文字間流動，有深沉的反思，幽默的聯想，也有染上了懷舊濾鏡色調般的夢境。

「如今我已經比我愛的人老了，也比我已經死去的朋友們都要老。」

珍愛的事物一個接一個被埋入失物的幽谷：消逝的光陰，眷戀的話語，一去不返的情人。她盼望再次見到記憶裡的景觀，從褪色的夢中醒來，披上心愛的舊外套，口袋裡塞著閃閃發亮的人生地圖，來到那座無人的車站。

列車行向昨日，旅程沒有起點與終點，窗外閃過的風景，盡是生命中最好的時光。

（本文作者，作家、「音速青春」站長，著有《在遠方相遇》等書）

STATIONS

不著邊際的寫作可沒有那麼容易！

我剛踏入夢境，一個牛仔這麼說著。這個人樣子俊美，話也說得簡練，把一張摺椅當平衡台晃著坐，身體往後仰，牛仔帽沿在一間孤零零的咖啡館鮮豔外牆上劃過。說孤零零，是因為咖啡館四周沒有其他建物，除了一座老舊的加油幫浦和生鏽的水槽。水槽裡死水一大灘，上頭停著馬蠅一串，不仔細看好像項鍊掛在水上。四周看不到人，不過他並不在乎，拉一拉帽沿，繼續說個沒完。那是頂滾了一圈銀緞帶的帽子，老詹森總統以前常戴的那種旅行款。

——但是我們還是照寫不誤，他接著說，緊抓著各式各樣瘋狂的指望，意圖彌補失去的時光，或者找尋開悟的某片段。這就像上癮，跟你玩吃角子老虎或是打高爾夫球一樣。

——相較起來，不著邊際地講空話容易多了，我說道。

他沒搭腔，但看起來不是沒聽懂我的嘲弄。

——好吧，不管怎麼說，我言盡於此！

——你確實說夠了。你以為球打順手了，就可以把球桿丟進河，從此以後球會自己進洞，帽子翻面放地上銅板會自動滿。

陽光打在他皮帶釦邊緣，反射出一道光，逕自灑向面前這片沙地上。我往右邊走去，頓時聽到一聲尖哨響，只見他形影從另一個角度浮現，準備開始另一套詭辯。

——我以前到過這裡，對不對？

他直接坐下，盯著前方的平原。

這個渾蛋，我心想。居然把我當空氣。

——嘿，我說，我可還沒死，也還不算奄奄一息。我可是有血有肉活生生地站在這裡呢。

他從口袋裡抽出一本筆記簿，開始寫東西。

——最起碼你也該看著我說話，我說，畢竟這是我的夢。

我靠近他，近到可以看出他在寫什麼。他把筆記本翻到空白頁，五個字突然顯現。

不，這是我的。

——這下子可好了，真是倒霉。我就這麼喃喃自語，舉起手為眼睛遮光，站在那裡看向他所眺望的——沙土、蒙塵的雲朵、一片平坦的前方，除了風滾草、白淨的天空——這裡無邊無際什麼也沒有。

——寫作的人就是個指揮家，他意味深長地說。

我信步走開，留下他慢慢解開自己腦海裡盤繞的錯軌。而那些徘徊不去的話語在我搭上自己的列車時紛紛散落，列車將我載回凌亂的床，醒來時我一身衣物都沒換。

睜開雙眼，我起身，搖搖晃晃走到浴室，迅速確實把冷水往臉上潑。蹬上靴子、餵過貓群、抓起針織毛線帽和黑色舊外套，踏上走過無數趟的門前道，穿過寬闊的大馬路，來到貝德佛街，來到格林威治村的一家小小咖啡館。

伊諾咖啡館（'Ino Café）。

·伊諾咖啡館·

四片扇葉在我頂上的天花板旋轉著。

伊諾咖啡館裡除了墨西哥廚師和那個叫做查克的小子，放眼看去空空蕩蕩。查克端上我慣點的濃烤土司，一小碟橄欖油和黑咖啡。我窩在自己常坐的角落，外套和毛線帽都還穿戴在身。時間是上午九點鐘，我是第一個到的人。貝德佛街上，正當這座城市甦醒時，屬於我的這張桌子，就在咖啡機和臨街窗戶旁，給予我私密感，在這兒我可以縮返到自己的氛圍裡。

十一月底。小咖啡館透著寒意。為什麼這些風扇會旋轉呢？我若盯著風扇夠久，我的心也許會跟著旋轉起來。

不著邊際的寫作沒有那麼容易！

我又聽見那牛仔慢條斯理又不容懷疑的聲音。我把他的話隨手寫在餐巾紙上。怎麼會有人在夢裡把你給惹毛後，還賴著不走？我覺得有必要駁斥他的說法，不只是回嘴了事，還要用行動反抗。我低頭看著雙手，我有把握就算是沒有目標、漫無邊際，我也能永無止盡地寫下去。只要我真的沒有什麼特別要說的。

過了一會兒，查克在我面前放了杯新煮的咖啡。

——這是我最後一次能為你服務了，他認真地說。

他是這附近咖啡煮得最好的，聽了這話我覺得難過。

——為什麼？你要去哪裡？

——我要到洛克威海灘的木板步道上開一家海濱咖啡館。

——海濱咖啡館！真沒想到，你要開海濱咖啡館！

我伸了伸腿，看著查克把他上午的例行工作一件件完成。他不可能知道我也曾經夢想開一家咖啡館。我猜想這個夢跟我當年讀了「垮世代」（Beat Generation）、超現實主義者和法國象徵主義詩人們流連咖啡館的生活描述有關。我從小長大的地方並沒有咖啡館，但咖啡館一直存在於我所看的書裡，之後便在我的白日夢中越來越像是有那麼回事兒。一九六五年我從南澤西來到紐約市，只是來走走逛逛，當時沒有比單純坐在一家格林威治村的咖啡館裡寫詩更浪漫的事了。我最後終於鼓足勇氣，走進了麥克道格爾街上的「但丁咖啡館」。我身上的錢不夠在那裡吃頓正餐，所以只點了杯咖啡，旁邊的人似乎沒注意到，也不在乎。咖啡館的牆面上貼滿了印刷的佛羅倫斯壁飾和《神曲》詩中的景象畫片。這些景象歷經數十年的香菸燻染居然都沒褪色。

一九七三年我搬到同一條街上，住在一個空氣流通、牆壁刷白附了簡單爐具流理台的房間，距離「但丁咖啡館」短短的兩個路段。到了夜晚，我就爬出臨街的窗戶坐在防火逃生梯平台上看著客人進出「魚水壺」的動靜，那是傑克・凱魯亞克最常光顧的酒吧之一。那時布利克街角有個年輕的摩洛哥人賣著新鮮捲餅，裡面包著鹽漬的鯷魚，和幾撮新鮮的薄荷。我就每天起個大早去買一點生活所需，回家煮點熱開水倒進加了薄荷的茶壺，然後整個下午喝著茶，抽點兒印度大麻，重讀穆罕默德．姆拉貝和伊莎貝兒．艾伯哈特寫的那些故事。

當時，「伊諾咖啡館」還不存在。我會坐在但丁咖啡館的矮窗前，面對著小巷，讀著姆拉貝的《海濱咖啡館》。故事說一個年輕魚販子，名叫德利斯，遇到了一個避世隱居不討人喜歡的老頭，老頭開了一家所謂的咖啡店，店裡只有一張桌子一張椅子，位在靠近坦吉爾海邊一段岩岸腹地上。圍繞著這個咖啡店的那種慢騰騰的氣氛讓我如此地著迷，以致我當時念茲在茲想住到裡面去。和德利斯一樣，我夢想著要開一間屬於自己的店。因為成天腦子裡都在描繪這家店的景象，覺得自己都快一腳踏進去了。它叫做「納瓦爾咖啡館」，一個讓詩人和旅行者們可以得到單純庇護的小地方。

我想像著店裡的寬木條地板上鋪著磨損的波斯地毯，兩張長木頭桌加上長板凳，幾張小一點的桌子，一個烤麵包的爐子。每天早上，我像唐人街那些人一樣用香料茶水把所有的桌子都抹乾淨。店裡不放音樂也沒有菜單，只有靜靜的黑咖啡、橄欖油、新鮮薄荷、烤麵包。牆上掛著一些照片：一幀店名典故來源作家納瓦爾憂鬱的畫像，旁邊再掛一幅小一點的落魄詩人保羅．魏爾倫穿著他的外套，面對著一杯苦艾酒萎靡不振的神情。

一九七八年，我有了一點錢，付得起押金在東十街上的大樓租了一整層。那個地方之前是家美容院，不過內裝已經拆空，現場只剩下三具白色吸頂風扇和一些摺疊椅。我弟弟陶德負責監工修繕，我們兩個一起把牆壁都刷白，再把地板打上蠟。兩大面的採光，讓整個空間夠敞亮。我花了好幾天就坐在那光照下，在一張輕便小桌上喝著熟食店裡買來的咖啡，計劃著接下來該做什麼。我需要一些錢來搞個新的抽水馬桶，還要一台咖啡機，幾碼窗簾布把窗戶妝點起來。在我想像的悠揚樂聲中，實用的東西通常都模模糊糊看不太清楚。

最後迫於無奈，我還是放棄了咖啡館。一九七六年我在底特律遇到了樂手弗雷德．「音速」．史密斯（Fred "Sonic" Smith）。這個沒料想到的邂逅慢慢改變了我人生的進程。我想要他的熱切沾染了每一樣事物——我作的詩，我寫的歌，我全心全意都是他。我們忍受著分隔兩地的相思，在紐約和底特律之間來來去去，短暫的相聚之後又是煎熬的別離。我才規劃好安裝水槽和咖啡機器的位置，弗雷德來懇求我搬去底特律跟他一起住。那時候似乎沒有比跟愛人會合更重要的事了，我命中注定要嫁給這個男人。我毫不猶豫就跟紐約和這個城市所裝載的雄心壯志說了再見，把最重要的東西打包，其他就拋到腦後了。眼睜睜看著我的押金和咖啡店就這樣沒了，當時我一點也不在乎。那些坐在小桌旁一個人沉浸在咖啡店夢想的光暈中喝著咖啡的時光，對我來說已經足夠。

第一個結婚周年紀念的幾個月前，弗雷德跟我說，如果我答應生個小孩，他就帶我去世界上任何我想去的地方旅行。不用多考慮，我就選了馬羅尼河畔的聖洛朗，那是法屬蓋亞那西北邊境上的小城，地處南美洲大西洋北海岸。我一直都想去看這個過去的法屬流放地現在變成怎麼樣了，當年許多重刑犯被裝船載到這裡，然後轉運到惡魔島。在《竊賊日記》裡，尚．惹內寫到了聖洛朗，說那是一塊神聖之地，書中也寫到無數曾被監禁在那裡的囚犯，寄予誠心誠意的感同身受。《竊賊日記》書中有一段，寫到罪犯世界中不可逾越的階級制度，在描述法屬蓋亞那勢力所及的可怕地帶上，人們憑藉一股男子氣概的神聖特質將冠冕飾以繁花。他降尊紆貴與罪犯們為伍：進出感化院，到處偷雞摸狗，也坐過三次牢，但當他被判刑要被送到這個他如此尊崇的監牢時，因為人道的理由，政府把這個監獄關閉了，剩餘還活著的囚犯解送回法國。後來惹內的刑期是囚在弗雷訥（Fresnes），他始終抱憾沒能親炙他所渴望的榮光。他傷心欲絕地寫道：我被剝奪了這個惡名彰顯的機遇。

惹內進監獄的時間來得太晚，來不及加入被他用文學作品刻畫而得以不朽的同志情誼。他被排拒在監獄的牆外，正如〈斑衣吹笛人〉的故事裡，哈姆林的跛腳男孩因為到門口時已經太晚，無法進入孩子的天堂。

那時候惹內已經七十歲，據說身體狀況不佳，應該不太有可能自己去到那裡。我想像如果能夠帶點當地的泥土和石頭給他應該是美事一樁。我平常那些不切實際的想法，弗雷德雖然常常覺得好笑，對我這回沒事自找的任務他倒沒有嗤之以鼻，他沒多說什麼就同意了。我寫了封信給我二十幾歲就認識的威廉·布洛斯。布洛斯跟惹內很熟，本身也是個性情中人，他答應找適當的時機會幫我把石頭轉交給惹內。

為了準備這趟旅行，弗雷德和我花了好幾天在底特律公共圖書館裡研讀蘇利南和法屬蓋亞那的歷史，因為要一起去探索兩人都不曾去過的地方，所以我們就先規劃旅程的前面幾個階段：先搭客機到邁阿密，再轉當地的航班經過巴爾巴多斯、格拉那達和海地，最後在蘇利南降落。我們得找路去到當地主要城市外圍的河畔小鎮，再從那裡雇一艘船，橫越馬羅尼河到法屬蓋亞那。我們把行程中每一站都給標出來，忙到大半夜。弗雷德攜帶好幾份地圖，卡其布的衣褲，旅行支票和羅盤，他把原本的長頭髮剪短，帶上一部法文辭典。當他決定要做一件事就會考慮得很周到。不過他沒有研讀惹內，這個部分他留給了我。

弗雷德和我飛去邁阿密那天是個星期日，我們在公路旁找了一家店名「東尼先生」的汽車旅館住了兩個晚上，房間裡天花板低矮，牆上釘了一個架子，擺著一台黑白電視機。我們在小哈瓦那吃到一些紅色豆子和黃色米，還去參觀了「鱷魚世界」。兩天短暫的停留幫助我們適應接下來將要面對的酷熱天氣。

弗雷德，米諾尼河（Maroni River）。

嚮導，米諾尼河。

旅程中的飛行很花時間，所有其他的旅客都是要在格拉那達和海地下飛機，每到一處貨艙都查一遍看有沒有走私貨品。最後當我降落在蘇利南時是一大清早，就在大家成群上巴士要被載到旅館時，有一幫年輕的士兵手持著自動槍械等在一旁。發生在一九八〇年二月二十五日推翻了民主政府的軍事政變，正準備要慶祝一周年，紀念日只比我們的結婚周年日早幾天。我們是附近僅有的兩個美國人，他們便保證會保護我們。

接下來幾天，首都巴拉馬利波（Paramaribo）熱得我們抬不起頭，總算找到了一個嚮導開車載我們前往一百五十公里外的法屬蓋亞那邊境、河西岸的阿比那小鎮。粉紅色的天空雷電交加猶如血管密布，我們的嚮導找到了一個年輕男孩答應帶我們過馬羅尼河到對岸，渡河船是一艘長形中間挖空的獨木舟。我們的背包裡裝載的東西都是經過審慎考慮，所以很好處理。獨木舟划出去的時候下著小雨，隨後沒多久就升級為來勢洶洶的傾盆大雨。男孩遞給我一把傘，同時警告我們不要把手指伸進吃水甚深的獨木舟周圍河水中。我到這時才突然發現河裡成群游著一種小小的黑魚。食人魚！他看我迅速把手縮回來不禁一笑。

船行過了一個鐘頭左右，男孩讓我們在泥濘的河岸下端離船上岸。他把獨木舟拖上陸地，跟幾個工人就去躲雨，遮雨的地方是用一長條黑色的油布撐在四根木頭竿子上。他們看我們一時之間不知道該怎麼走，好像覺得很有趣，就指引了我們往主要道路的方向。我們費力爬過了滑溜的小山丘，完全淹沒在下個不停的雨中，彷彿麥提．史瓦妻的名曲梭卡舞裡面的加力騷節拍，連珠炮般的鼓點從手提式音響放送出來。我們全身溼透，拖著腳步走過這空蕩蕩的小鎮，最後躲進似乎是這裡僅有的一家酒吧裡。酒保端給我一杯咖啡，弗雷德點了啤酒，店裡有兩個男人正喝著卡瓦多斯蘋果白蘭地（Calvados）。我後來又多喝了好幾杯咖啡，弗雷德則用破碎的法語加英語跟一個穿皮衣的傢伙攀談，那人據說是附近烏龜保留地的負責人，整個下午就這樣過去了。等雨勢變小，一個當地旅館的老闆出現，邀請我們去住，接著上來一個較年輕也較陰沉、但跟老闆神似的人物，也說要幫我們拎包包，我們隨著兩人沿著一路的泥濘走下坡到投宿地點。我們原本連旅館都沒有訂，如今卻有現成的客房。

「嘎力比旅館」完全是斯巴達式的簡樸刻苦，不過住起來還算舒服。一小瓶兌了水的干邑白蘭地連同兩個塑膠杯放在櫃子上。我們累壞了睡得很沉，任憑越下越大的雨毫不留情地敲打白鐵波浪板的屋頂。等我們醒過來發現有大碗的咖啡等著，早晨的太陽很烈，我把衣服晾在天井，有一隻小小的變色龍停在弗雷德的卡其襯衫上，顏色漸漸趨近。我把包包裡的東西攤在小桌上，皺巴巴的地圖、受潮的收據、支離破碎的水果，還有弗雷德隨身攜帶的吉他彈片。

接近中午時，一個水泥工人載我們繞著聖洛朗監獄遺址的外圍兜風。幾隻走失的雞在泥土上搔抓，旁邊有一輛翻倒的自行車，附近似乎都沒有人。司機跟我們走過一道低矮的石砌拱門，就自顧自地離開了。院子裡瀰漫一種暴發城鎮在大起大落後物在人亡的悲劇氣息——就從這裡把人的靈魂給埋葬了，然後將軀殼送到惡魔島。弗雷德和我走在這彷彿具有魔法的靜默之中，小心不去打擾統攝著這裡的神靈。

為了尋找合適的石頭，我走進了獨居囚室，仔細看那些像刺青般落在牆上的褪色塗鴉。長毛的睪丸，帶翅的陰莖，這些惹內的天使們最重要的器官。不是這裡，我心想，還不是。我環顧四周想找弗雷德，他正努力從雜亂的草叢和棕櫚樹之間找出那一片小墓地。我看見他停在一個墓碑前，上面刻著孩子你的母親時刻為你祈禱。他長站在那前面一段時間，我沒去打擾，自己對著建築外觀端詳起來，最後我選擇收集大囚室的陶土地板石頭。很潮濕，那地方大概有一個小型飛機棚那麼大，釘進牆的鐵鍊鏽得厲害，細長條狀的光線映照其上。仍有一點生命氣息：糞便、泥土和一串急忙飛走的甲殼蟲。

我往下挖了幾吋，希望找到當年也許被囚犯長滿厚繭的腳掌或者是獄卒所穿的靴底壓進土裡的石頭。我選了五顆，放進一個超大型的法國吉丹牌香菸火柴盒裡，附在石頭上的泥土都沒撣掉，原封不動的保存。弗雷德用他的手帕幫我揩去手上的塵土，再抖掉手帕上的塵土以包覆那個火柴盒。他將整個包裹放在我的手裡，這是通往將石頭交到惹內手上的第一步。

我們在聖洛朗沒有待太久，接著彎去了海邊，那些烏龜保留區當時不開放參觀，因為龜群正在產卵。弗雷德就在酒吧裡花很長時間跟一些男人聊天。雖然天氣很熱，弗雷德穿了短袖的襯衫還打了領帶。那些男人還挺把他當一回事兒，認真聽著他講話，他在男人堆裡一向有這樣的效果。我很認命地坐到酒吧外的板條箱上，看著空空蕩蕩的街道以及過去不曾見過而且未來也許不會再見到的景象。當年那些囚犯就在這同樣的一長條土地上依序走過。我閉上眼睛想像他們在酷暑中拖著桎梏的鐵鍊，那情景對這個灰撲撲遭棄的小鎮上為數不多的居民來說，著實是殘酷的娛樂。

從酒吧走回旅館的路上，沒有狗沒有成群遊戲的小孩也沒有婦女。大半的路途我自顧自地走著，回旅館後，偶爾瞥見了個女傭，一個赤著腳長髮的女孩，快步走在館內各處。她對我微笑，打了個手勢但沒跟我說英語，只是繼續忙著。她會整理我們的房間，把衣服從天井拿下來洗好，熨平。出於感激我給了她一個我原來戴的手鐲，一條金鏈子上面有四葉幸運草，退房離開時我看到她還戴在手腕上。

聖洛朗（Saint-Laurent）監獄。

大囚室。

法屬蓋亞那沒有火車，完全沒有公共運輸服務。酒吧裡那個傢伙幫我們找了個司機，那傢伙的神情好像七二年經典雷鬼電影《不速之客》（*The Harder They Come*）中一個臨時演員，戴著飛行員用的太陽眼鏡和一頂三角便帽，身穿豹紋襯衫。我們談好價格，他答應要載我們走兩百六十八公里到卡晏。他開一輛很破舊的棕褐色標緻汽車，堅持我們的包包要跟他一起擺在前座，因為車後行李艙通常都是用來運送雞隻，怕不乾淨。我們沿著國道往前開，一路上下著雨，只有中間太陽露了個臉，卻一閃即逝。電台正播放著雷鬼歌曲，不過雜音干擾不斷，到了收不到訊號的地方，司機就插上一片卡式錄音帶，播放樂團名稱「皇后水泥」的專輯。

每隔一會兒我就把手帕解開，看看那個吉丹牌火柴盒，盒子上的圖案是個吉普賽女郎的側影，她就在一縷靛藍輕煙中搖著手鼓翩翩起舞。我沒打開盒子，只是一味想像著把石頭交到惹內手上那一刻的小小得意。我們車行蜿蜒穿越濃密的森林，弗雷德握著我的手，路上超過一個短小精悍肩膀寬闊的印地安人，大剌剌地把鬣蜥頂在頭上維持著平衡走。途經了幾個像多納特（Tonate）一樣只有幾間房子和一根六尺高十字架的小村落。我們請司機暫停，他就順便下車檢查輪胎的狀況，弗雷德拍了一張標示牌，上面寫著：「多納特，人口九名。」我則做了禱告。

沒有什麼非做不可的，也沒有什麼非看不可的。此行主要任務已完成，我們沒有說最終想到哪裡，也沒有訂任何旅館，完全自由。快到庫魯（Kourou）的時候，氣氛感覺不一樣起來。我們將進入一個軍事管制區，先遇上檢查哨，檢查了司機的身分證，接著有一長段時間沒人講話，然後我們聽令下車。兩個軍官把前後座都搜了一遍，最後在前座雜物箱裡找到一把壞掉的彈簧刀。這應該不要緊吧，我心想。然而當他們敲後行李箱時，司機明顯地不安起來。死雞？還是禁藥？他們繞著車子走一圈，然後要他交出鑰匙。司機把他們推到一旁的淺溝裡企圖逃跑，很快被撲倒在地，扭打成一團。我看了一眼弗雷德，他年輕時也常不按法律規定行事，對這些權威倒是小心翼翼，以免遭事。他不動聲色，我就跟著低調。

他們把後車箱打開，裡面居然有個看起來三十幾歲的年輕人，像條蛞蝓一樣縮在生鏽的凹陷框架裡。他們用步槍戳他喝令他下車，他看上去很害怕。之後大家被帶到警察局，在個別房間裡用法語審問。我的法語用來回答那些最簡單的問題還綽綽有餘，另一個房間的弗雷德則施展現學現賣的酒吧法語跟他們交流。突然間指揮官出現，我們被帶到他跟前。指揮官是個胸膛健壯雙眼深邃的男人，臉曬得棕黑還留著濃密的鬍子。弗雷德迅速說明來龍去脈，我順理成章扮演起乖巧女性，因為這種外國兵團的偏僻駐地，沒有什麼懸念完全就是個男人的世界。我靜靜地看著那位人形違禁品，全身被剝光，上了手銬腳鐐被帶走。弗雷德被要求進入指揮官辦公室，他回過頭看了看我。那雙淺藍色的眼裡隔空傳遞的訊息是要我保持冷靜。

軍官把我們的包包拿進來，另一個戴白手套的軍官把包裡的東西全檢查一遍。我捧著手帕包裹坐在一旁。他們沒有要求交出這個我如釋重負，因為這個東西在我的心目中神聖程度僅次於結婚戒指。我意識到沒有危險了，但叮囑自己別亂說話。審問的軍官端了杯黑咖啡給我，杯子下是個鑲嵌藍色蝴蝶的橢圓形托盤，之後他走進指揮官室。我可以看到弗雷德的側影。一會兒後他們全都走出來，態度很友好。指揮官給了弗雷德一個男人間的擁抱，然後我們被安排坐進私家車裡，車開到卡晏的一路上都沒人講話，這是位於卡晏河口岸邊的當地首府。指揮官給了弗雷德一家當地旅館地址。我們在山腳下了車，他們只把我們送到這兒。他手指了指說旅館應該就在這上面，於是我們拿起包包踏上石階，往下一個投宿地點去。

——你們兩個談了些什麼？我問。

——其實我也搞不太清楚，他只會說法語。

——那你們怎麼溝通？

——喝白蘭地。

卡晏河（Cayenne River）。

弗雷德似乎陷入了沉思。

——我知道你很關心他們會怎麼處置司機，他說，不過我們無能為力了。他真的害我們遇上麻煩，到後來我只能擔心你。

——喔，我倒不害怕。

——是啊，他說，這就是我為什麼會擔心。

旅館挺對我們的胃口。我們就著紙袋裡拿起法國白蘭地喝，睡在好幾層的蚊帳裡。房間窗戶上還有玻璃，旅館本身倒是都沒有，底下那些房子也都沒有。沒有空調冷氣，對抗炎熱與灰塵只能靠風和零零星星的降雨。我們聽著附近水泥公寓隨風傳來帶著約翰．柯川風味的即興薩克斯風樂音低沉嗚咽。到了早晨，我們就上街漫步探索這個城鎮。鎮上的廣場像是個梯形，鋪著黑白兩色磁磚，四周種植棕櫚樹。那天正值嘉年華，只是我們渾然不知，全城好像沒什麼人。市政廳是幢十九世紀刷白漆的法國殖民時期建築，因為是假日關著門。一座看似廢棄了的教堂吸引著我們，上前把門推開，鐵鏽便沾得滿手。我們在入口處供信徒捐獻用的罐裡投錢，罐子上面有「咖啡人咖啡」商標，是個舊鬆餅罐子。灰塵微粒在幾道光線中飛舞，在雪花石膏塑栩栩如生的天使像頭上形成光暈，聖徒們的肖像陷於掉落的瓦礫之中，在一層又一層的深色重漆下面目已不復可辨。

所有的東西似乎都以慢動作進行著，儘管我們這樣到處亂走，路上遇見的陌生人對我們看也不看。幾個男的為了一隻活跳跳的鬣蜥在討價還價，鬣蜥就把長條尾巴甩來甩去。超載的渡輪正要離港駛往惡魔島，遠處的加力騷音樂從一個蓋得像隻超巨型犰狳的迪士可舞廳傾洩而出。旁邊有賣紀念品的小攤，價格都一樣：中國製的薄紅毯，還有藍得發亮的雨衣，但最多的是打火機，各式各樣的打火機，標籤圖案有鸚鵡太空船和外籍兵團的男人。這個地方沒有什麼別的可看了，我們想申請簽證去巴西，找了一個來路不明自稱是林醫師的中國男人，他幫我們拍了幾張證件照。他的工作室裡滿是大片幅的照相機，壞掉的三腳架和用大口玻璃罐裝起來一排一排陳列的藥草。後來照片洗出來，也拿到手，但我們像中了邪一樣就待在卡晏，直到結婚紀念日。

這天是旅程中最後一個星期日，當地女人都穿著亮麗洋裝，男人則帶著高帽子，人們盛裝慶祝嘉年華會圓滿結束。我們跟著他們不怎麼講究的遊行隊伍，結果走到了瑞米爾—蒙鳩利，城鎮東南方向的一個村落。一路狂歡的民眾各自散去。瑞米爾—蒙鳩利幾乎沒人住，站在一望無際空蕩蕩的海灘上，弗雷德和我如癡如醉為之入迷。作為結婚紀念日，那真是完美的一天，我忍不住想，如果在那地方開一家海濱咖啡館那就再好不過了。弗雷德走在我前面對著

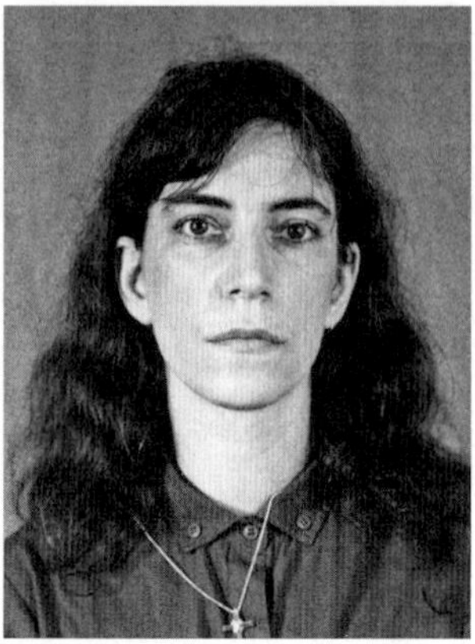

佩蒂・史密斯

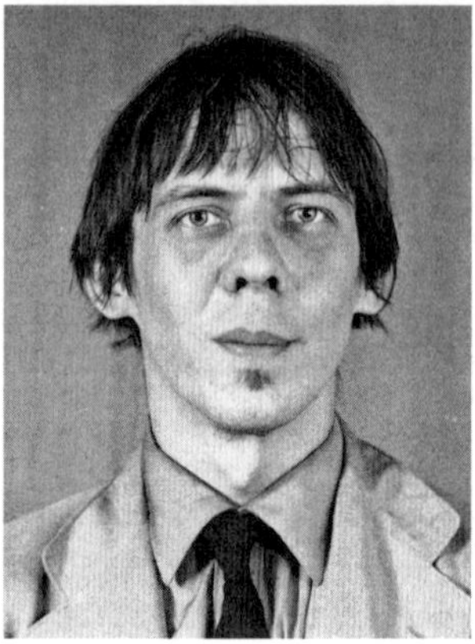

弗雷德

前方一條黑狗吹口哨，沒看到飼主在一旁，弗雷德便把一根棍子擲到海水裡，狗追去把棍子啣回來。我跪在沙地上，用手指畫起這家想像中的咖啡館，想著該怎麼做平面配置。

纏好的線鬆開之後隨機亂滾，一玻璃杯的茶，打開的日記本，一張金屬圓桌，桌腳還墊個空的火柴盒保持平穩。咖啡館。巴黎聖傑曼大街上的「洛奇咖啡館」、維也納的「若瑟咖啡館」、阿姆斯特丹的「藍鬍子咖啡館」、雪梨的「冰咖啡館」、亞利桑那圖森的「此時此地咖啡館」、加州聖地牙哥洛馬岬的「哇咖啡館」、舊金山北灘的「市集咖啡館」、拿波里的「教授咖啡館」、烏普薩拉的「原牛咖啡館」、芝加哥洛根廣場的「魯拉咖啡屋」、東京澀谷的「獅子喫茶店」和柏林火車站的「動物園咖啡館」。

那家我兌現不了的咖啡館，還有無數家我沒機會踏上門的咖啡館。查克彷彿看出我的心思，什麼也沒說，只是幫我端來一杯新煮咖啡。

——你的咖啡館什麼時候開始？我問。

——等天氣變好。希望是明年早春時。兩個夥伴和我，我們要一起想辦法，還需要多一點資金來添購設備。

我問他需要多少，準備投資。

——你確定嗎？他說。有點意外，因為我們其實彼此不是非常熟，還算有點默契，那是由於每天我像舉行儀式一樣來這裡喝咖啡。

——沒錯，我是當真的。我曾經也想開一家自己的咖啡店。

——那你下半生都有免費咖啡喝了。

——那就再好不過了。我說。

我坐在查克這杯無人能及的咖啡前，頭頂上轉著風扇，看起來像隻風向雞東南西北胡指一通。外面刮著強風，下著冷雨，也可能是將下起雨；好像有什麼災厄正要發生的天空形成一連串蜃景，微妙地滲入我整個身心。一個不注意，我失神落入一種症狀輕微但是遲遲難消的不安之中。倒不是沮喪，比較像是對憂鬱這種心境著了迷，我把這點思緒放在手裡捉摸著，彷彿它是個小行星，上面有幾道陰影，透著不可思議的藍。

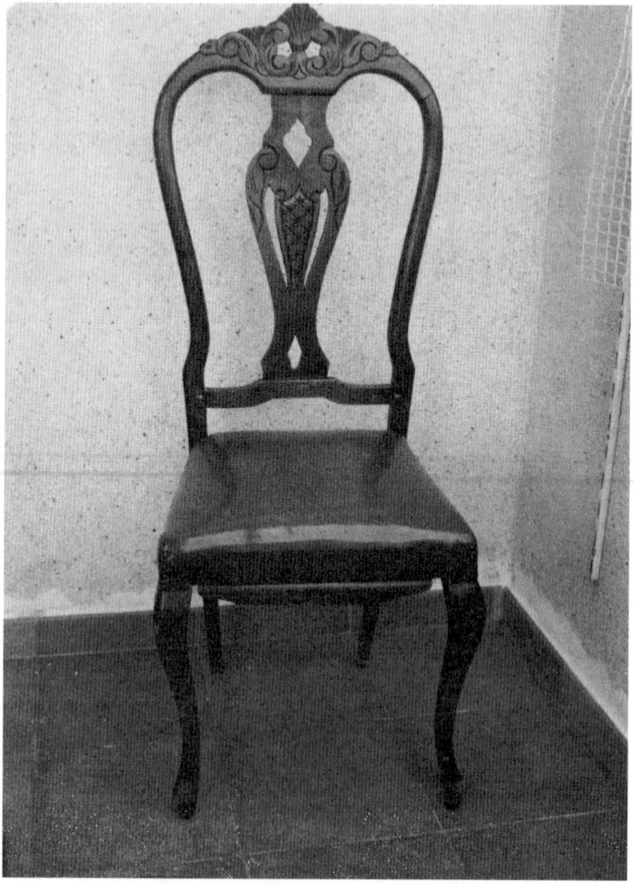

羅勃托・波拉紐的椅子，收藏於西班牙布拉納斯。

·切換頻道·

我步上階梯回到我那只有一扇窗的房裡，屋裡有一張工作桌、一張床以及我弟弟的海軍旗，他親手捆的。窗邊的角落裡擱了張有把手的椅，上頭蓋著舊亞麻布。脫下外套，我該幹活兒了。我有張很好的書桌，但更喜歡在床上工作，像羅伯．史蒂文生詩裡那個康復中的病人，一具用好幾個枕頭撐起來的樂觀主義殭屍，製造幾頁夢遊者才種得出來的果實——有的還不太熟，有的又太熟。偶爾我直接把稿子打進輕薄的筆電裡，並帶點愧疚地抬頭瞄一下書架上那台老式色帶的打字機，旁邊是另一台過時的兄弟牌文字處理器。筆電持續對我效忠，好讓我不需要回頭跟那兩台老古董牽扯不清。筆記本上的格線，像要召喚我填上內容——告解，揭露，同一個段落沒完沒了的重寫變奏，以及一堆興之所至滔滔不絕的潦草筆跡，都記在那些事後怎麼也看不懂的餐巾紙。外層色跡斑斑的墨水瓶、墨水筆尖，備用筆芯則早已無處可覓，還有沒有鉛筆芯的自動鉛筆。這些就是作家所留下的殘骸瓦礫。

我沒過感恩節。拖著渾身的不自在經歷了十二月，沉湎於時間延長程度加遽的孤寂心境，可惜這些並未結晶為任何值得一提的作品。每天早上我把貓群餵了，默默地收拾妥當，再步行過第六大道，走進「伊諾咖啡館」，坐進我平日盤據的角落桌裡，喝起咖啡，假裝寫點東西。有時候也真就帶勁地寫起來，成果卻都差不多，不成氣候。我儘量避免參加各式活動，還倔強地安排自己一個人過節。耶誕夜我幫愛貓準備了濃香貓薄荷的玩具老鼠，自己沒想清楚要去哪裡，只是出門踏入空蕩蕩的夜色裡，最後進入一家靠近「雀兒喜旅館」的電影院，裡頭正在放映午夜場的《龍紋身的女孩》。我在街角的熟食餐廳買了票，大杯黑咖啡和一袋有機爆米花，走進戲院，坐在後排放好東西。觀眾席裡只有我跟一二十個無所事事的年輕人，舒舒服服地遠離這個世界，自成一格地過起我們心曠神怡的假期，不用禮物，不用聖嬰耶穌，不用金箔裝飾，不用槲寄生，只有一種完全自由的感覺。我喜歡這電影的樣子。之前我已經看過沒有字幕的瑞典版，但我還沒讀過原著，所以就透過看電影把情節拼湊起來，盡情陶醉於蕭索的瑞典風光中。

過了半夜，我回到家。這一晚天氣相對算暖和，我感覺平靜，這種平靜慢慢匯聚成一種想回到家鑽進被窩裡的欲望。我住的那條街空空蕩蕩，看不出來耶誕節就要到了，只有一點零星的亮片掛在打溼的樹葉上。我跟癱在沙發上的貓們說了晚安，打算上樓回房，其中一隻小金字塔色阿比西尼亞貓「開羅」尾隨著我。我打開上了鎖的玻璃櫃，小心翼翼取出包得好好的法蘭德斯陶瓷製的耶穌誕生彩像，有聖母瑪莉亞與約瑟夫，還有兩頭牛，以及躺在搖籃裡的聖嬰，把它們全擺到我的書架最上層。過去兩百年的時間裡，他們從素色的陶瓷刻起，最後發展出一種閃閃發亮的塗層。太遺憾了，我心想，這些牛做得太傳神了，只有耶誕節期間才被拿出來展示太可惜了。我祝聖嬰生日快樂，把床上的書和紙張都挪開，刷了牙，床罩摺下來，讓開羅睡在我的肚子上。

跨年前夕差不多的情景重演，我也沒什麼特別的規劃。正當幾千名飲酒狂歡的民眾在時代廣場大肆買醉之際，我則全力對付一首打算要在開年完成的詩，向智利作家羅伯托．波拉紐致敬，沉吟之間，那隻阿比西尼亞小貓還在地板上繞著我的腳步轉圈圈。讀波拉紐的《護身符》時，我注意到書中有一段提及古希臘的百牲祭——古時候大規模屠殺百頭公牛的隆重獻祭。我決定要為他寫一首百牲祭——一百行的詩句，以表達對他把短暫的生命用於完成巨著《2666》的謝意。如果老天能夠多給他幾年的時間，讓他繼續活著，跟他的孩子相處更久些，讓他往下再寫個幾本書，那該多好。《2666》的設定似乎能夠一直不斷寫下去，只要他願意寫。這麼美好的波拉紐，卻早早逝去，在寫作的巔峰年紀五十歲，就這麼逝去，實在太可惜。讓人不禁抱不平。失去了他，本該出生的作品就這麼沒了，我們也從此無緣得窺起碼一個世界的奧秘。

一年中的最後幾個小時一秒一秒流逝，我寫了又重寫，大聲地朗誦出聲。等時代廣場的大球落下時，我已經不小心寫了一百零一行，而且無法決定哪一行該是犧牲品。我想到自己竟然漫不經心地祈求要來屠殺書架上那兩頭俯視聖嬰閃閃發亮的骨瓷牛的同類。雖然只是字面上的意思，然而有差別嗎？我的牛只是用骨瓷雕刻的，然而有差別嗎？經過幾分鐘來回的思考，我暫且把百牲祭給放一邊，用筆記型電腦切換模式想看部電影。看電影《馬太福音》，我注意到帕索里尼這部影片中演年輕瑪麗亞的演員樣子非常像年輕的克里斯汀·史都華。我把畫面暫停，泡了一杯雀巢即溶咖啡，隨便套件連帽夾克走到外頭，坐在門廊下。氣溫很低，但天空清朗。幾個有點醉意也許是從紐澤西來的年輕人大聲問我話。

——媽的現在什麼時候了？

——該去吐一吐的時候了，我回答。

——別在她面前說這個字，她已經整晚沒停。

女孩光著腳丫紅頭髮，穿了件亮片迷你裙。

——她怎麼沒穿外套？要不要我找一件毛衣給她？

——她不要緊。

——好吧，新年快樂。

——已經跨年了嗎？

——對呀，大概四十八分鐘前。

他們快步地轉過街角，消失了，留下一顆洩氣的銀色氣球在人行道上滾來滾去。我走過去把它撿起來。

——差不多也就這樣了，我大聲地自言自語。

雪。下得幾乎有我靴子這麼高的雪。披上黑外套和線帽，我像個盡職郵差一樣步履維艱地穿越第六大道，把自己每天不變地運送到「伊諾咖啡館」的橘色涼篷前。給波拉紐的百行詩還在煞費苦心地一遍遍修改，平常只待早上的我，這天卻順理成章坐到了下午。我點了白豆湯，雜糧麵包沾橄欖油，續了更多杯黑咖啡。我重新計算百行詩的行數，如今卻少了三行。有九十七個地方可以下手，但找不到頭緒，今天只能暫時先放一邊了。

我該離開這裡，我在想，離開這座城市。但我要去哪裡才能擺脫掉身上這股似乎怎麼樣也振作不起來的無精打采，我像個被內心不安驅策的十幾歲曲棍球選手，身上老是背著大帆布袋。如果離開，那我每天早上要去哪裡窩在自我的小角落裡呢，每天深夜要怎麼拿著難以控制的選台器一台一台地轉呢，這些我都得好好想想。

——我已經幫你換電池了，我語帶懇求地說，媽的你倒是給我轉台呀。

——你不是應該可以上工了嗎？

——我要看那部我常看的犯罪影集；我毫無愧色地自言自語，這可是要緊的事。昨天的詩人是今天的偵探，他們花上一輩子的時間要嗅出這第一百行

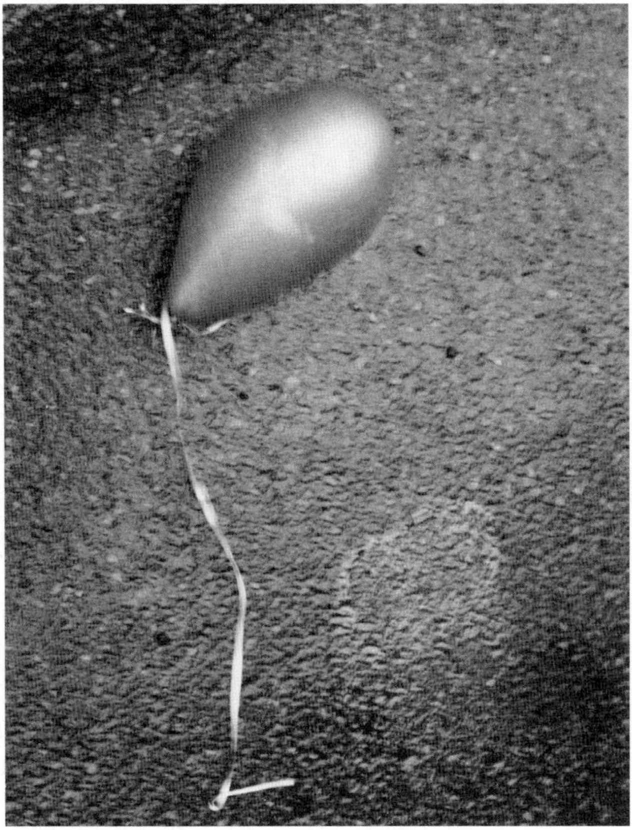

銀色汽球。

詩，好不容易偵破一個案子，正精疲力竭拖著腳步走向日落盡頭。我需要這些節目娛樂我，支撐我。林登和侯德，勾倫和伊瑪斯，霍拉修．凱恩（編注：分別是《殺戮》（*The Killing*）、《法網遊龍》（*Law & Order*）、《CSI：邁阿密》（*CSI: Miami*）主角），我跟他們走在一起，照著他們的方式神氣活著，為他們的失敗痛心，每一集播完之後，我仍久久想著他們的所作所為，不管是看直播還是看重播。

這台遙控器實在太目中無人！但我也該好好想一想什麼時候開始跟沒有生命的東西說起話來。不過這玩意兒一直在清醒的生活中扮演角色，我也已經習慣，不覺得有任何問題。真正困擾我的反而是每年一月此時我會染上春季熱，腦子裡的皺褶好像蒙上了一大層花粉。我無奈地嘆口氣在房間裡隨意走，一一檢視珍惜的物品，確認它們並沒有被吸到別處消失不見。我說的不是襪子或眼鏡那種日常東西，而是：「凱文．席爾茲牌」的諧振器、弗雷德睡眼惺忪時的快照、一只緬甸獻缽，還有我女兒親手用陶土捏的怪樣子長頸鹿。接著我看到父親的椅子，我久久地看著那東西。

當年父親用的這張椅子，陪他在書桌前，歷經幾十年，開立支票，填表報稅，或是狂熱地研究簽賭賽馬的獲勝方程式。一疊疊的《電訊早報》堆放牆邊，他會用一本絨布包的日記簿，記滿了想像下注的輸贏，再存放於左手邊抽屜裡。家裡沒有人敢動這個本子。他從來不跟人說他的下注是根據什麼，只是

房內梳妝檯。

持之以恆苦心研究。他不是那種會賭錢的人，實際上也沒有餘錢可以下注。他就是一個在工廠上班的男人懷抱著研究數學的好奇心，從預測賽馬中尋找樂趣，希望能搜索出其中的致勝模式，從那些或然率探知人生的意義。

遠遠地觀察，我對父親頗為佩服，透過那些活動他似乎便能輕易地遂其所願，和我們家居生活區隔開來。他為人慈祥而且心胸寬闊，具有一種內在的優雅，使得他跟我們家左鄰右舍其他人都不太一樣。但是他對鄰人從不會擺出優越感，看上去就是一個行事正派、腳踏實地的男人。年輕時他有跑步的習慣，各項運動都很擅長，平衡感比一般人強。二次大戰時，他被派駐到新幾內亞和菲律賓叢林裡。雖然反對暴力，當時他仍是忠於國家奮勇參戰，但投到廣島和長崎的兩顆原子彈讓他很傷心，我們這個物質至上的社會表現出那種殘忍和軟弱，讓他唏噓不已。

我父親上的是夜班，白天都在睡覺，我們還在學校時他就得離家去上工，直到深夜我們都睡了他才下班回家。周末我們會體貼著不去打擾他，畢竟他平常能夠留給自己的時間已經太少。那時他便坐在這張最喜愛的椅子上，把《聖經》攤放在腿上，看電視轉播棒球。他常常會大聲唸出《聖經》裡的篇章，希望引起我們討論，也會不時提醒我們對所有的事情都要存疑。一年當中有大半年他都穿著一件黑汗衫，深色的褲子捲到小腿肚和皮拖鞋之間。他腳上一定穿著這雙拖鞋，因為那是妹妹、弟弟和我存上一整年的零錢幫他買的耶誕禮物。到了晚年，他特別熱衷於餵鳥，不管天氣如何都要出門作這件事，鳥也很捧場，只要他一叫就來，降落在他肩膀上。

他過世後，我繼承了他的書桌和椅子。書桌裡有個雪茄盒子裝著些註銷的支票、指甲刀，一只壞掉的Timex手錶和一張發黃的剪報，上面有一九五九年我參加國家安全海報甄選得到三獎的燦爛笑容。那個盒子我始終放在右邊最上面的抽屜裡。那張被我媽沒頭沒腦地貼滿鮮艷玫瑰花樣的結實椅子，現在還靠在我床腳對面的牆上。坐墊上的香菸燒痕使這張椅子充滿歲月感。我伸出指頭撫觸那個燒痕，腦海中浮現他那個Camel牌無濾嘴香菸的軟包裝。約翰・韋恩也是抽這個牌子的菸，包裝上的圖案是毛色金黃的單峰駱駝和棕櫚樹側影，喚起異國風味與法國外籍兵團的印象。

你該坐到上面來，椅子敦促著我。但我就是提不起勁坐上去，以前我們都不准坐到爸爸書桌前，所以現在這張椅子我也不拿來坐，只是擺著。前幾年我去波拉紐在西班牙南部海濱布拉訥斯（Blaines）小鎮的家拜訪時，連波拉紐的椅子我都還坐過。但我當時馬上就後悔了，我對著那張椅子拍了四張照片，椅子樣式很簡單，波拉紐不管怎麼顛沛流離搬到哪裡都帶著它，他深信這張椅子有魔力，那是他寫作的椅子，我當時是不是也覺得坐上那椅子可以讓我成為更好的作家？想到這裡我一陣哆嗦，像是在警告自己，並趕緊把裱褙玻璃上的灰抹掉，相框裡正是我用拍立得拍下的波拉紐椅子。

我下樓抱了兩整箱東西回到臥室，倒在床上。該來看看剛過去的這一年最後一批郵件了。首先我篩檢淘汰掉像是丘比特海灘租用公寓的投資小冊子，這是專門提供給高齡公民的投資管道，還有彩色精印的厚厚一疊資料教我怎麼把累積的飛行哩數兌現成吸引人的各種禮物。這些全都原封不動，送回收筒，一想到要砍掉多少樹木才能折騰出這堆沒人拜託他們生產的廢物，不免心生罪惡感。除了這個當然也有些好的型錄，介紹十九世紀的德文手稿，垮掉世代的紀念文物，甚至還有人寄來一捲一捲經典比利時亞麻布，可以堆在廁所旁邊以備未來享用。我無所事事地走過我的咖啡濾壺，它像蜷縮著的和尚安坐在放著瓷器杯的金屬櫃上。我拍拍它的頭，避免跟一旁的打字機和選台器對到眼，這讓我不免想到有些無生命物體真是比什麼都親近人。

雲移翳日，一道白濁的射線從原來瀰漫的天光之間穿出，照入我的房間。我隱約感覺到自己被召喚著，有個什麼東西正在召喚我，我保持著原姿勢一動也不動，就像影集《殺戮》片頭的警探莎拉．林登，走在黃昏中的沼澤邊。我慢慢地向前走到書桌把桌面抬起來。我不常打開這個桌面，因為裡面珍貴物品放的是如今不堪回首的往事。我很慶幸不必往裡面看，我對裡面每一件東西的

Monk牌咖啡機。

大小材質和位置瞭若指掌。我伸手從一件小時候穿的衣服下取出一個金屬盒，盒子上打了一些洞。打開前我深吸一口氣，過去我對這些一直懷抱著某種不理性的恐懼，總覺得神聖的收藏一旦接觸到外面湧入的空氣，就會瞬間分解、消失無蹤。幸好，一切原封未動。四根小魚鈎，三條釣魚用的普通假餌，還有一個紫色半透明橡膠材質的精製假餌，看起來像汁液飽滿的水果，也像一條瑞典進口魚，形狀有如帶著螺旋形尾巴的逗點。

——哈囉，小鬈毛！我低聲喚著，一瞬間跟著高興起來。

我用指尖輕輕敲著它，感受重溫舊夢的暖意，在北密西根安湖上划著船和弗雷德一起釣魚的時光浮現腦海。弗雷德教我怎麼拋釣線，給我一根便攜型的「莎士比亞釣竿」，分解開來的零件可以妥貼地像一束箭般裝進閃電形狀的攜行盒。弗雷德拋起釣線的動作優美、耐性十足，身邊總是備妥充沛的假餌、誘餌和鉛墜。我則使用我的拋射桿，攜行盒裡還裝著小鬈毛——我的秘密幫手，我的小假餌！我怎麼會忘記我們共度的那些具有先見之明的甜蜜時光呢？當我把釣線拋進深不可測的湖水裡，它總是稱職地跳著探戈勾引滑溜的鱸魚上鈎，好讓我之後去了鱗煎給弗雷德吃。

國王溘然長逝，今日漁釣禁止。

我把小鬈毛好好放回桌子裡，打起精神處理郵件——帳單，各種逾期的請求邀約，要我去參加這個那個盛典，開庭日近在眼前的陪審通知。接著我迅速地把一封吸引我注意的郵件先放一邊——一個普通牛皮紙信封上面有封蠟，縮寫字首CDC。我快步走向一個上鎖的櫃子選了把細骨柄拆信刀，這是打開「大陸漂移社」寄的珍貴信件唯一正確的方式。信封裡裝了張紅色卡片，印著黑色數字23，還有一紙手寫的邀約，請我到一月中於柏林舉辦的半年大會上發言，內容不拘。

這封邀請函讓我很興奮，但時間所剩不多，發信距今已經過了幾個星期。我把桌子清了清，連忙給他們寫了即將赴會的回覆，接著又滿桌子找郵票，抓了我的針織帽和外套，出門把回信丟進郵筒。然後我越過第六大道又去了「伊諾咖啡館」。時間是傍晚，店裡沒有人。我坐到熟悉的角落桌上打算擬一份這趟旅程要帶的物品清單，結果卻沉湎於白日夢，思緒被帶回到好多年前去的不萊梅、雷克雅維克、耶拿，還有很快要再度前往的柏林，以及即將見面的「大陸漂移社」好朋友們。

上個世紀八〇年代間由丹麥的氣象學者創立的「大陸漂移社」，是地球科學界分支出來的一個立意不甚明確的組織。成員二十七個人，散居世界各地，他們誓言要致力於讓人類整體的記憶長存，特別是關於阿佛瑞・魏格納

（Alfred Wegener）的事蹟，他是世界上最早提出大陸漂移理論的先驅者。這個組織每兩年開一次大會，全體會員都要參加，對內部規程予以審酌，表決經援某些申請CDC補助的實地考察，對組織所支持的推薦書單也投注相應的熱情，這一切的活動都跟魏格納身後以他為名的另一個世界組織、設立於德國下薩克森邦不萊梅哈芬的「阿佛瑞．魏格納極圈與海洋研究中心」一起奮鬥、共同努力。

我之所以成了CDC的會員純屬偶然。這個組織的成員多是數學家，地質學家和神學家，他們在組織中不用原來的名字而是被賦予一個號碼。當年我寫了幾封信給魏格納研究中心，託他們尋找一位繼承他遺物的後人，以取得同意去拍攝這位偉大探險家生前所穿長靴。其中一封信被轉到「大陸漂移社」的秘書手上，通過幾封信之後，他們就邀請我去參加二〇〇五年在不萊梅召開的大會。那一年正好是魏格納一百二十五歲冥誕，也是他逝世七十五周年。我參加了座談會，一起看了「影城四六」組織所拍攝的紀錄影片《冰上研究與探險》（*Research and Adventure on the Ice*），影片中用到魏格納一九二九和一九三〇年探險考察的片段。之後又跟他們一起去附近不萊梅哈芬，參觀了「阿佛瑞．魏格納極圈與海洋研究中心」的設施。我很確定自己並不符合入會的標準，但我猜想經過一番考慮後，他們因為我豐沛的浪漫熱情決定接納我。二〇〇六年我變成正式成員，號碼是二十三。

二〇〇七年我們在雷克雅維克開會，那是冰島最大的城市。那一年有些會員計畫會後繼續前往格陵蘭進行CDC正式的探險考察，開會時大家顯得異常興奮。他們組成了一支搜索隊，希望能在那裡找到一九三一年魏格納的弟弟柯特為了紀念兄長而安厝的十字架。十字架是用鐵棒鑄成，二十幾呎高，用來標示他的長眠之所，大約在距離伊斯米特營區西邊一百二十哩處，那是魏格納的探險夥伴最後一次看到他的地方。不過當時連確切的位置都不知道。我當時真希望能夠同去，因為我也知道這個大十字架的事蹟，如果能找到，應該可以拍出一張很棒的照片，但我的身體沒辦法承受那樣嚴酷的考驗。所以我待在冰島，組織中的十八號是個強健的冰島大師，突然邀我去代替他主持一場當地人高度期待的棋賽。如果我幫他忙，那他就可以參加搜索隊深入格陵蘭，我可以得到「柏格旅館」的三晚住宿，還能獲准拍攝一九七二年鮑比·費雪和波利斯·史帕斯基對弈的那屆西洋棋世界大賽用桌，平時這桌子被閒置在當地政府機關的地下室。我對受命觀棋的任務沒有自信，因為我對西洋棋的熱愛完全僅此於審美。不過有機會去拍現代西洋棋界的聖杯，補償不能去格陵蘭的遺憾，這一切當然值得。

隔天下午當我帶著拍立得相機抵達，那張棋桌正被低調地搬到棋賽大廳。

外觀不起眼的桌上有兩大棋手的簽名。我的任務很簡單，參加棋賽的都是青少年，我只需要露個面就好。最後勝出的選手是一位十三歲的金髮少女。拍完合照後我有十五分鐘可以拍棋桌，可惜當場燈火通明稍嫌太亮了，完全不適合照相。大夥兒的合照拍得比較好，還登上了當地早報；那張有名的棋桌在大家的前方一起入鏡。吃過早餐我跟一位老友到鄉間轉了轉，騎上粗壯的冰島小馬。友人騎的是匹白馬我則騎黑馬，宛如棋盤上兩方的棋子。

回程時我接到一個男人打來的電話，說他是鮑比．費雪的保鑣，受命安排我跟費雪先生在柏格旅館的餐廳裡半夜私下見個面。我可以帶自己的保鑣，但不可以提跟西洋棋有關的話題。我答應這場會面，然後走到廣場對面的NASA俱樂部去找他們的首席技師，找到一個我信得過的傢伙名叫史基爾斯，請他充當我的臨時保鑣。

鮑比．費雪半夜時分穿著連帽的毛皮大衣來到旅館，他的保鑣比我們其他每個人都高，他跟史基爾斯一起等在餐廳外面，鮑比選了角落的位子，我們面對面坐下來。一說話他就開始測試我，挑了一連串令人不快、引我極端反感的話題，說著說著通篇偏執妄想，懷疑所有事情別有用心，還大聲嚷嚷。

——你這根本是在浪費時間，我說。我也能跟你一樣難搞，只是我會挑不同的事。

1972年西洋棋冠軍賽用桌。

他不再說話，盯著我看，接著終於把那頂風帽脫下來。

——你會不會唱巴迪·霍利的歌？他問我。

接下來幾個小時我們就坐在那裡唱歌。有時候他獨唱，有時換我，或者兩個人齊聲唱，歌詞我們大概都只記得一半！過程中他還想用假音唱 Big Girls don't cry 的和聲部，結果保鑣緊張地跑了進來。

——沒什麼事吧，老闆？

——沒事，鮑比說。

——我剛剛聽到奇怪的聲音。

——是我在唱歌。

——唱歌？

——對呀，唱歌。

這就是我跟鮑比·費雪碰面的情況，二十世紀最偉大的西洋棋王。黎明曙光將現，他豎起風帽出門離去，我留在餐廳裡直到旅館的工作人員開始準備自助早餐的各式菜色。我坐在他留下的空位對面，腦子裡浮現起「大陸漂移社」的成員們現在應該還在睡夢中，也可能因為太期待而情緒亢奮、輾轉難眠。再過幾個小時他們就會起床，開始往冰天雪地的格陵蘭內陸前進，去尋找當年豎立大十字架的往昔陳跡。當厚重的窗簾被拉開，早晨陽光湧進小餐廳，那一刻我忽然想，有時候人們確實就是拿現實遮蔽了自己的夢想。

歐洲野牛，攝於柏林動物園。

・動物餅乾・

這天我比平日晚到「伊諾咖啡館」，我的角落桌子已經有人佔，一種任性的佔有欲促使我走進洗手間，硬是在那兒等著。洗手間空間狹窄，只有一盞燭光照明，馬桶水箱上擺了一個瓶子，插了些鮮花，使這地方像座小小的墨西哥教堂，那種你可以在裡面撒尿卻不覺得褻瀆神明的小教堂。我沒鎖門，以免有人真的需要使用，等了大概十分鐘，我的桌子重新空出來，我才從洗手間離開。我把桌面擦了擦，點了黑咖啡，要了烤土司和橄欖油，然後在餐巾紙上記些到時候上台講話的重點，接著又坐在那裡把電影《慾望之翼》的天使們挑出來胡思亂想一番。要是真能遇上一位天使那就太神奇了，我心想，之後馬上意識到我其實已經遇到了。不是聖麥可那樣的大天使，而是位從底特律來的人間天使，穿著一件大外套沒戴帽，一頭濃密的棕髮，還有水色汪汪的眼珠。

德國之行沒有什麼特別的事，除了「新方舟自由機場」的安全人員辨識不出我那一九六七年款的拍立得是台相機，浪費了我幾分鐘把它拿起來猛揮，想確認裡面有沒有炸藥，還拼命聞著相機底部以為會有什麼氣味。一個毫無特色的女性聲音反覆地充斥整個機場，如見可疑請即舉報，如見可疑請即舉報。等我走到登機門，另一個女聲才蓋過這個播音。

——這年頭我們變成一個到處都有監視的國家，她大聲嚷嚷，你監視我我監視你。以前我們還會互相幫忙，以前的人還比較好。

她提著褪色的大花粗呢手袋，全身蒙了一層灰，彷彿剛從鑄造廠內部忙完走出來。當她把手袋放下自顧自走開，路人似乎也都明顯露出不悅之色。

飛機上我看了幾集第二季的《謀殺拼圖》（*Forbrydelsen*），這就是後來被當作藍本改編成美國版《殺戮》的原創丹麥犯罪劇集。探員莎拉・隆德就是美國版主角莎拉・林登的原型。兩人一樣都是單身，一樣穿著費爾島的滑雪毛衣。隆德的毛衣貼身，林登則穿得臃腫邋遢，簡直是把那件毛衣當作精神上的防彈背心穿。隆德被自己的野心所驅策，林登與生俱來的執迷則和她的人道關懷有關。我睡眼惺忪地借助字幕追著隆德的劇情，下意識裡卻在尋找林登，雖然她只是個電視影集的角色，對我來說卻比大多數人親近。我每個星期等著她現身，默默地擔心有一天《殺戮》會停播，我就沒辦法再見到她。我了解她，懂她每回面對艱鉅任務時的積極投入，知道她複雜的道德準則，看著她獨自一個人奔跑穿過沼澤地長得老高的雜草堆。

我看著莎拉・隆德卻夢著莎拉・林登。劇集突然播完，我醒過來，茫然盯著個人放映螢幕，之後又失去意識，進入一個不曉得怎麼回事的房間，那裡正進行著一連串的審訊簡報監視，然後鏡頭劃出幾道奇怪的弧線，整個空鏡頭剩下孤零零的一陣濃煙。

巴斯特納克（Pasternak）咖啡館牆面。

我在柏林的旅館是一幢重新整修過的包浩斯建築，位於原東柏林的米特區（中區）。我所需要的這家旅館一應俱全，尤其離「巴斯特納克咖啡館」很近。這家咖啡店是我之前來柏林時，散步途中發現的，那一陣子我對布爾加科夫的名作《大師與瑪格麗特》正著迷。一進旅館房間，我就把行李放下，前去這家咖啡館。老闆娘親切地接待，我選了上回坐過那一桌，位子旁就是布爾加科夫肖像照。一如既往，我又深深被這家店的舊世界氣息給折服了。褪色的藍牆面上掛著兩位俄羅斯最受愛戴的詩人安娜．艾哈邁托娃以及弗拉基米爾．馬雅可夫斯基的照片。

在我右手邊的寬闊窗台上有一架老式的圓形基里爾字母按鍵式俄文打字機，很適合跟我那台孤零零的雷明頓打字機作伴。我點了一份「快樂沙皇」——黑色的鱘魚子醬配上小杯伏特加還有裝在玻璃杯的黑咖啡。心滿意足，我在那裡坐了好久，用餐巾紙把我要講的內容演練一番，然後離開，信步走過正中央豎立著這個城市最古老水塔的小公園。

到了演講的那一天，我起得很早，在房間裡喝過咖啡和西瓜汁，吃了烤土司。我的談話內容還沒完全推演過一遍，留了一部分等著自由發揮和隨機應變。我橫越旅館左側寬敞的大道，走過爬滿了長春藤的大門，想到「聖馬利安

塔，柏林。

和聖尼可萊教堂」裡對接下來的活動冥思準備。教堂的門鎖上了，我就在教堂外找到一小塊遺世獨立的地方，旁邊有一組雕像是個小男孩伸手要摘聖母腳下的玫瑰。兩尊像的表情都很令人神往，也許是因為大理石經歷了時間和風雨的侵蝕。我為那尊小男孩像拍了幾張照片，然後回旅館，蜷在深色絲絨椅上，無夢地沉睡了一會兒。

下午六點鐘，我精神奕奕地現身在附近的小演講廳裡，我那樣子頗像電影《黑獄亡魂》中的主角霍利．馬丁斯。這個戰後蓋起來的聚會堂和遍布在前東德的其他聚會堂看起來沒有什麼不同。CDC全體二十七位會員都來參加了，空間裡迴盪著期待的氣息。活動流程從我們的主題曲開始，一首輕快而略帶憂鬱的旋律，由原作曲者以手風琴彈奏，他是社裡的七號成員，來自義大利翁布里亞小城古比歐的掘墓人，那裡就是當年聖方濟馴服狼群的地方。七號既不是學者也不是科班出身的音樂家，但他有個遠親是魏格納最原始的探險隊成員，這是其他人難望其項背的淵源。

主持人開場發言，他引用德國大詩人席勒的「此正逢其時：再一度，這一刻，我們重聚。在故舊之間。」

他詳盡地講起社裡最近關切的重要議題，特別是北極圈冰層厚度大幅縮減這個令人憂心的趨勢。聽了一會兒，我的心思開始遊蕩，帶著些許欽羨掃視著兩旁的同僚，他們大部分都還興致盎然、目不轉睛。他繼續說著，我的心思也繼續漂浮，編起了一個悲劇故事：有這麼一個身穿海豹皮大衣的女孩無助地眼看著冰層裂開來，無情地把她跟白馬王子分開。他漂走的時候，她雙膝跪地。分離開來的冰層傾斜歪倒，他騎在那匹隨之踉蹌無法站穩的白毛冰島小馬背上，整個沉入北極海。

執行秘書帶著大家回顧了一下上次在耶拿聚會時的片段，然後興致高昂地宣布接下來這個月研究中心要注目的物種：海黍子馬尾藻——一種褐色的日本海藻，這種海草跟其他種類最大的不同在於它們隨著洋流漂浮的方式。秘書還指出我們之前希望跟研究中心一起把每月關注物種的內容發展成全彩印刷月曆的這個想法已經被否決了，原來興沖沖想做月曆的成員聽了，咸表不滿。接下去我們就觀賞九號成員準備的幻燈片秀，簡要呈現了組織上一次來東德的幾個地方活動，這又引發了要把這些影像作成另外一個月曆的提案。這時我發現手掌心開始流汗，想也沒想就拿了上面寫著備忘的餐巾紙把汗擦乾。

終於，在迂迴曲折的介紹之後，我被請上講台。不幸的是我的談話內容居然被介紹成魏格納「失落」（lost）的時刻，我只好先解釋我要講其實是「最後」（last）的時刻，而非失落的。這個說明引起一陣語意上的打打殺殺。我站在那裡面對著這些志同道合的會友，手裡捏著一疊軟餐巾紙，任由台下此起彼落各抒己見，到底該說失落還是該講最後。好不容易主持人出來呼籲，大家終於恢復秩序。

講廳重歸靜默。我遙望著對面牆上肅穆的魏格納畫像，從而得到一點力量。儘可能生動地歷數並逐步推演到他最後那幾天的連串事件：雖然心情沉重，但他是下定志在科學的決心，這位偉大的極地研究專家在一九三〇年春天離開了摯愛的家，帶領這個艱鉅的、過去未曾有過的科學遠征隊深入格陵蘭。這趟使命是要收集必要的科學數據，以證明他劃時代的假說。他認為地球上現知的這些分離的大陸，很久以前曾經連在一起，是一整個巨大陸塊，大陸塊裂開後各自經過漫長的歲月才漂流到現在的位置。當年他提出這個理論時，科學界不僅不予採納，還大加揶揄。直到這趟歷史性但也是厄運連連的遠征踏查完成，終於還了他公道。

一九三〇年十月底的天氣超乎尋常的嚴酷。前哨基地內的天花板上結了星羅密布的白霜。魏格納走到基地外一片漆黑的暗夜中，捫心自問，評估自己把這些忠實的夥伴帶到了怎麼樣的處境。算上他自己還有一位可靠的依努伊特嚮導拉斯穆斯．維路姆森，一行總共五個人，困在這個伊斯米特前哨站裡，食物和各項補給都不足。而科學知識和領導力上都不比魏格納遜色、也深受器重的隊友弗立茲．羅維甚至凍壞了好幾根腳趾，連站起來都沒辦法。而要走到下一個補給站還有兩百五十英里。魏格納心裡盤算維路姆森和他應該是隊中身體最結實的兩人，最有可能長途跋涉去求援，便決定萬聖節那天出發。

十一月一日，那天正是他五十歲生日，天一亮他就把珍貴的筆記本夾在外套裡，帶著狗群和伊努伊特嚮導上路。憑著性格的堅毅和對使命的信念他們啟程，但沒有多久原來晴朗的氣候就變了樣，突然颳起的旋風盤踞在兩人前行的路途上。吹雪一波接一波襲來，迴旋飛揚的光束在空中打轉，蔚為奇觀。路上海上空中全部一片白茫茫。有什麼能比這景象更美嗎？一圈白潔無暇的橢圓形冰雪鑲著他妻子的面容。這一生他總共有兩回把心給交出去，一回是給了她，另一回是給了科學。魏格納不禁跪倒在地，他究竟看到了什麼？在這幅神祇的極地畫布上，由他所投射出來的影像是什麼？

我當時很入戲把自己和魏格納合而為一，完全沒有注意到講台底下已經騷動起來。有人開始質疑我的假定到底合不合乎事實。

——他沒有跌跪在雪上吧！

——他可是在睡夢中過世的哦！

——你這樣講根本沒有證據。

——是嚮導把他放倒讓他休息。

——你這只是憑空推測。

——完全是憑空推測。

——連假設都算不上只是信口開河。

——你不能就這樣編個故事。

——這樣不是科學，你這只是在寫詩歌！

我把這整個事情想了一下。所謂數學與科學的理論一開始難道不是靠想像出來的嗎？我覺得自己像一根麥管逕自沉入流經柏林的施普雷河中。真是糟糕。這也許是CDC有史以來最具爭議的一場談話了。

——各位，各位，主持人說，我想現在應該中場休息一下；也許大家應該先喝點東西。

——但是我們不是應該聽完二十三號的結尾嗎？這是對我投以同情的掘墓人所發表的意見。

眼看著有些成員已經接受指示起身要去休息，我很快恢復了鎮定。調整好語調試著爭取他們的注意：

——也許，我說，今天的題目應該取為魏格納人生最後失落的幾個時刻。

他們由衷的大笑聲掩蓋過我私心想逗逗這群頑固可愛人們的期望。就在我匆忙把隨手寫畫的餐巾紙塞進口袋時，這些人全站起來，一起移步到另一間較大的畫室。主持人一邊講些收場套話，大家就分別拿起雪莉酒的酒杯。然後，按照慣例，牧師宣讀一段禱詞，典禮結束於片刻的靜默追思。

現場有三輛小客車準備把社裡的成員載回各自的旅館。等大家都走了之後，執行秘書要我在入會申請單上正式簽名。

——能不能請你給我一份你的演講稿，這樣我可以附在申請單上當作摘要？你的開場太有意思了。

——我根本沒有寫什麼講稿。我老實告訴她。

——那你剛剛說的，到底從何而來？

——當然就是從現場氣氛中信手捻來的呀。

她露出不可置信的表情，看著我說，好吧，既然這樣，你就再從空氣中擷取一點什麼出來，讓我夾在裡面當摘要吧！

——好啊，我倒是有一點筆記，我說著，摸出那一疊餐巾紙。

我跟那位執行秘書之前沒說過多少話。她是個來自利物浦的寡婦，老是穿著一身灰色粗布套裝，內搭花襯衫。外套是咖啡色洗絨羊毛料，頭戴一頂配色相襯的咖啡色軟帽，帽上還居然別了一根長髮針。

——我有個主意，我說。你跟我一起去巴斯特納克咖啡館。我們可以坐在我最喜歡那張桌，就在布爾加科夫肖像照下。到時候我可以跟你說說我本來打

PASTERNAK
mit Lachs und Meerrettich 11.00€
hausgemachte Teigtaschen mit
Spinat-Käsefüllung 12.00€

遮篷，巴斯特納克咖啡館。

算講的內容，你可以寫下來。

——布爾加科夫！太棒了！伏特加我請客。

——你知道嗎，她邊說邊站到魏格納巨幅照片前，這兩個男人長得還有幾分像。

——布爾加科夫稍微帥一點。

——他真是一位了不起的作家！

——絕對稱得上是大師。

——對呀，真的是大師。

我在柏林又多待了幾天，拍了些照片，重訪幾個之前去過的地方。臨走前一天早上，我在動物園對面老火車站裡的「動物園咖啡館」喝咖啡。客人只有我一個，坐著看工作人員從厚重的玻璃門上刮除原本的黑色駱駝剪影，我不禁起疑，這裡要重新整修？結束營業？最後我有點像在跟這裡永別似地付了帳，然後過馬路到對面動物公園，從大象門入園。我站在門口的大象前，看著這確確實實的存在，不知怎麼回事頗覺安慰。這兩頭大象，差不多是十九世紀末時以精緻工藝用沙岩材質刻成，分據大門兩邊跪著，背上馱起兩根巨大的圓柱，柱頂由一個光鮮彩繪的弧線屋頂連接起來。有點兒印度風，也有點兒唐人街的味道，用以隆重歡迎驚嘆的遊客。

動物園也空空蕩蕩，沒什麼遊客，沒有動物園裡常見的大群學童。天氣冷得我呼出氣就在眼前成白煙，我趕緊扣起外套。園裡四處是各種動物，大型鳥類的翅膀上還編標籤。突然一陣煙霧飄過我這一區，所以只能看到長頸鹿從光禿禿的樹梢露出的脖子，還有火鶴群在雪地中成雙成對。走出這團沒頭沒腦的霧，眼前出現幾間原木小屋，刻著圖騰柱子，這區是野牛。歐洲野牛一動也不動，看起來就像巨人小孩的玩具動物，好像能讓人靈巧地捏起來，安全存放到箱子裡，這個箱子外面還有色彩鮮明的絨毛馬戲團火車圖，火車上面還載著非洲食蟻獸，模里西斯渡渡鳥，快步跑動的單峰駱駝，小象，和塑膠恐龍。一整箱混合的隱喻。

我四處問人「動物園咖啡館」是不是要收起來了，結果沒有人注意到這家店還存在。新建的中央火車站使原本重要的動物園站退居其次，成了地區性的車站。談話內容便轉成討論時代的進步。在我意識中某個角落裡，莫名其妙有著那麼一張動物園咖啡館的收據，上面還有那隻黑駱駝的形象。經過大半天，我也累了，就在原來住的旅館吃了簡單的晚餐。電視上正播放德語發音的《法網遊龍：犯罪意圖》。我把電視聲音關小，外套也沒脫，就這麼睡著了。

此行最後一天早上，我走進「多羅西亞之城墓園」，這裡的大片外牆彈痕密布，是二戰留下來的荒涼紀念。穿過天使護衛的大門，我找到布萊希特埋骨之處。牆上有些彈孔跟我上回來的時候不太一樣，被注入白色灰泥填平了。氣溫急遽下降，天上下起了薄薄的雪。我坐到布萊希特的墓前，嘴裡哼著他名劇《勇敢母親》（*Mother Courage*）中主角在女兒屍體上所唱的那首搖籃曲。雪一邊下著，我繼續坐著想像當年布萊希特寫劇本。男人給了我們戰爭，母親從中得到益處，卻賠上了孩子們；他們像保齡球道盡頭的球瓶，一根接一根倒下。

離開時，我拍下門口其中一個守護天使。我那相機的蛇腹折箱被雪打溼，左邊塌掉了，拍出來的天使翅膀因而有了塊新月型黑漬。我還拍了翅膀的特寫，想像著到時候用霧光相紙把這張洗得特別大，好在翅膀的白色曲面上寫下那首搖籃曲歌詞。我很想知道布萊希特當初描寫這個外表鐵石心腸、其實不盡然的母親，寫到痛心處是不是也為之落淚。我把照片塞進口袋。我的母親是真的來過這世上的，她的兒子也是。兒子死時，母親葬了他。如今她也死了。勇氣媽媽和她的孩子們，我的母親和她的兒子。如今他們都成了故事。

雖然不太想回家，我仍舊打包了行李飛到倫敦轉機。回紐約的班機延誤了，我覺得這是個徵兆。起飛航班顯示板前，時間一延再延。衝動之下我去改機票，搭上希斯洛機場發的快速火車前往帕丁頓站，然後從那裡叫了計程車去柯芬園，住進一家價錢優惠的小旅館，接著看我常看的探案影集。

守護天使，多羅西亞之城墓園（Dorotheenstadt Cemetery）。柏林。

房間很明亮，溫馨又舒適，還有小陽台可以俯瞰倫敦的連綿屋頂。我跟旅館要了茶，打開日記本，馬上把它闔起來。我可不是來工作的，我告訴自己，我是來看「獨立電視數位頻道三」（ITV3）上播放的懸疑劇，我應該一部看完看另一部，一直看到深更半夜。幾年前我在同一家旅館也曾這麼幹，當時還生著病，興奮過頭地整晚盯著一串有的意志消沉、有的脾氣很壞，還有酒不離手或者熱愛歌劇的怪誕刑事偵探們。

為了迎接這樣的夜晚，我先看了一集經典的《七海遊俠》（*The Saint*），輕鬆地看著賽門．鄧普勒開著白色的富豪汽車，巡弋到倫敦城裡黑暗幽密處，一如往常拯救世界於迫在眉睫的危機中。這集他遇上一個白金髮美女，穿著淺色開襟毛衣和直裙，美女要找她叔叔——傑出的生化教授——他被人脅持，主謀是個跟他一樣有頭腦但卻心懷不軌的核能科學家。時間還早，所以我又接著看完另一集《七海遊俠》，這回落難的換成另一個金髮美女。看完我下樓走到查令十字路逛逛書店，買了首印版的希薇亞．普拉絲《冬樹》（*Winter Trees*），以及一本易卜生戲劇集。剩下半個下午我就坐在旅館圖書室壁爐前讀著易卜生的《建築大師》（*The Master Builder*）。溫度有點高，我打起瞌睡，直到一個穿斜紋軟呢大衣的男人拍拍我肩膀，問我是不是他約在該處碰面的記者。

——不是，抱歉。

——在讀易卜生？

——對呀，《建築大師》。

——嗯，寫得很好的劇本，充斥著各種刻意的象徵。

——那我倒沒注意到。

他在火爐前站了一會兒，然後搖搖頭離開。我個人對象徵主義不是很有興趣，從來都看不太出來。為什麼不能從事物本來的樣子看待它們就好呢？我從來都不會想去精神分析西摩爾・葛拉斯（Seymour Glass）、或是沒完沒了地〈虛無之境〉（Desolation Row）歌詞字句。我只想要迷失，跟某個別的什麼地方合而為一，如果失手把花圈掉落在尖塔上，純粹是因為我高興。

回到房間，我隨手收拾，然後到陽台上喝茶。喝完茶我又撤回室內，把自己再交給那些個叫作摩斯、路易斯、佛洛斯特、威克立福和白教堂的傢伙——那群刑事偵探們。他們那種鬱鬱寡歡、老在想著什麼的特質，我很有共鳴。他們要是在影集中吃起肋排，我就打內線電話叫份一樣的上來。如果他們在喝酒，我就去看看迷你吧台上有什麼能派上用場。總之他們幹嘛我就幹嘛，不管是他們在全神貫注辦案、還是恍神脫離現實，我都跟得上。

影集播放中，還預告了很受期待的《破案線索》（*Cracker*）將在「獨立電視數位頻道三」馬拉松式一次播到底，下個星期二播出。雖然《破案線索》不能算是標準的偵探劇集，但仍是我最喜歡的劇集之一。羅比．科全所飾演的費茲，滿口的髒話，菸一根接著一根抽，古怪中透著聰慧，是個體重超標的犯罪心理學專家。這個劇集已經停播一陣子，看來收視率跟劇中人一樣，運氣不佳。這個劇集因為很少播出，能一整天連續播放的機會實在難得，讓人有點想看。我認真地考慮要多待幾天，又覺得這麼做會不會太瘋狂了一點？但說起來也不會比改變航程跑到倫敦更瘋狂吧，我的意識這麼告訴我。預告片段放了很多，我看得心滿意足，他們毫無保留地用一段段畫面向觀眾推薦，我都快能拼湊出完整的一集了。

看完一集《偵探佛洛斯特》等著看《白教堂》的廣告時間，我決定下樓到圖書室旁邊的自助酒吧喝杯臨走前最後的波特酒。站在電梯口，我突然察覺旁邊有個人，我們倆同時轉過身來看對方，竟然出現羅比．科全。簡直像是我之前許了這個願似的，就在《破案線索》要一口氣播的特別節目播放前幾天。

——我整個星期都在等著你，我衝口跟他說。

——我不就在這兒嗎！他笑著說。

我真的太驚訝了，結果沒跟他一起進電梯，馬上回到房間。房間好像有點變，就這麼一下子，整個房間好像完全不一樣了，彷彿我被某個喝著茶的燈魔帶進了平行宇宙中這個房間的另一個時空。

——你能想像這種巧遇機率有多小嗎？我對著花朵圖案的床罩這麼說。

——仔細想想真是太巧了，可以去買彩券了。不過如果要念咒許個願，你應該許在約翰．巴利摩爾才對呀。

這個建議還不錯，不過我可不想跟床罩聊個沒完。這跟選台器不一樣，花床罩這種東西你根本沒辦法把它關掉。

我把迷你吧台又巡視了一遍，決定要一壺接骨木果茶和一份甜甜鹹鹹的爆米花。我有點遲疑要不要開電視，怕直接看到費茲那張醉到恍惚的大臉特寫。我在想羅比．科全該不會也是要去樓下找酒喝吧。我真的想過下樓去隨便找點什麼東西嗑一嗑，最後只是把行李箱裡先前隨便塞放的東西重整了一番。結果我的手指突然被東西戳到，仔細一看居然是CDC那位執行秘書的珍珠髮針，那東西卡在我的T恤和毛衣之間。上面的珍珠是亮灰色而且形狀不太整齊，不像印象中的珍珠，比較像是顆淚珠。我就著檯燈把髮針摺好，用一方繡著勿忘我的小塊麻布手帕將它包起，手帕是女兒給我的禮物。

回想之前和執行祕書在咖啡店外的交談，當時我們已經喝了好幾杯伏特加。我完全不記得談過這根髮針。

——下次會議會在什麼地方開？我當時問她。

她似乎有所顧忌不太想說，我也識趣不再追問。她從皮包裡翻了又翻，找出一張手工上色的會名卡，大小和形狀都跟教會裡的聖像卡差不多。

——你覺得為什麼要聚起來緬懷魏格納先生呢？我問道。

——為什麼？當然是為了魏格納太太呀，她毫不猶豫地這麼答。

霧氣感覺上像是從柏林一路跟著我似的，倫敦的孟茅斯街上起了濃霧。從我這個小小的陽台看出去，正好趕上原來層層的密雲瞬間化成雨點落地。我從未見過這樣的景象，可惜相機裡已經沒有底片。不過反過來說，正因為沒有底片，我得以輕鬆自在地感受這個難得的時刻。我把大衣穿上，轉身跟房間說再見。下樓在早餐廳喝了黑咖啡，吃了點燻鮭魚和烤土司。我叫的車已經等在外面，司機還戴著太陽眼鏡。

一路上霧愈來愈濃，簡直伸手不見五指。這濃霧會不會忽然間散去，然後所有一切都化為烏有？納爾遜勛爵的紀念圓柱、肯辛頓花園、泰晤士河邊晨光中的摩天輪倫敦眼、石南荒野上的森林，這些一一隱入銀光粼粼連綿不絕的童話世界。到機場的這段路似乎怎麼也不見盡頭，沿途光禿禿的群樹輪廓模糊幾乎看不見，像是一本英國故事書的插圖。這些掉光葉子的樹枝讓人聯想起他方的風景：賓夕凡尼亞、田納西還有耶青公園裡兩側成排法國梧桐的大道。電影《黑獄亡魂》裡，哈利・萊姆下葬的維也納中央公墓、墓與墓之間走道種滿鉛筆樹的蒙巴納斯墓園、法國梧桐樹上的絨球、乾掉了的咖啡色果莢、隨風搖曳的過季耶誕裝飾，這一切都讓人懷念。遙想一百多年前，一個年輕的蘇格蘭人就是住在這樣的氛圍之中。雨雲倏忽傾盆而下、光影閃爍的薄霧，於是他就給這樣的幻境取了個地名叫做「未有國」。

司機突然長長地嘆了口氣，我心想該不會是班機又延誤了吧。不過根本不要緊，沒有人知道我在哪裡，沒有人等著要跟我碰面。我不在乎坐在一輛和我外套一般黑的英國計程車裡，困在只能蝸步緩行的濃霧中。兩旁都是迎風瑟瑟的樹影，彷彿是百年前的英國插畫家亞瑟·拉克姆（Arthur Racham）再世，匆忙間信手給這裡描繪了景致。

·吸血跳蚤·

我都還沒有回到紐約就已經忘記當初是為什麼要離開。回來之後我極力想恢復每天的生活步調，但出奇令人難耐的時差一次又一次發作，阻撓我重歸正常。外面似乎罩著一層厚重的殼，內部卻有點什麼在發著光，彷彿透過柏林和倫敦的迷霧傳染某種超自然的疾病把我完全打敗。作的夢都像希區考克的電影《意亂情迷》的片段：融化的圓柱、被吹壞的小樹、沒辦法回收的花紋紙板在讓人心臟停止的惡劣天氣中迎風亂舞。這種暫時的苦惱，我發現也不是沒有詩意的可能，於是試著以這個為素材寫點東西。從我內在的迷茫中強踩出一條路來，去尋找原始的迷醉，或者乞靈於奇怪宗教的暫時慰藉。但事與願違，迎接我的是拖著腳沒有面目的人頭撲克牌，嘴裡唸唸有詞講些沒什麼保存價值的話語，當然更別提轉著槍的牛仔了。一點頭緒也沒有。我雙手就跟我日記本裡的紙頁一樣空空蕩蕩。不著邊際的寫作可沒有那麼容易！夢裡的畫外音擷取出來的話語還比現實生活更加引人入勝。不著邊際的寫作可沒有那麼容易。我用一大塊紅色粉筆把這句話一遍一遍塗在白牆上。

太陽下了山，我給貓群餵飽晚餐，披上外套，窩在屋內一角看著天光變化。街上空蕩蕩，幾部車經過，紅色、藍色，還有一部黃色計程車，這些顏色沉浸在清冷空氣濾過的餘光中。我的腦海裡忽然充滿了空泛的話，就像小型雙翼飛機滑行空中所畫的難辨符號。打起精神來，把你的口袋準備好，等你的心裡那團火竄升上來。這些詞語黏著我不放，讓我想起威廉·布洛斯嗓音中那種要說不說的低沉語調。過馬路時，我不禁想威廉若還在會怎麼解釋我最近這種狀態，以前我有問題就直接拿起電話開口問他，現在想召喚他出來，我得想別的辦法。

「伊諾」沒有客人，畢竟我比晚上慣常出現人潮的時間來得早，這不是我平常來的時段，但我仍坐同一桌，喝我的白豆湯黑咖啡，打開筆記型電腦，想著寫一點威廉的什麼事。記憶中與他有關的景象多不勝數，相關的人各有特色，一時之間我默然不知從何下手；如何寫這些啟迪了我的智者，我何其有幸能與他們一起分享。呼喚我的是威廉獨特的聲音，而已經不在的垮世代曾經帶領我這一代人，引爆了文化的革命。我依稀還能聽到當年他解說中央情報局怎麼暗中滲透人們的日常生活，也記得他不厭其煩地教我怎麼製作完美的魚餌，好順利釣起眼睛鼓鼓的明尼蘇達梭子魚。

最後一次看到他是在堪薩斯州的勞倫斯城。他住的房子樸實，裡面有貓群有書堆，還有一把獵槍以及一個隨身拎著走的木製藥櫃，還上鎖。他坐在打字機前，打字機的色帶因為反覆使用，只能印出模糊的字痕。他家後院有個縮小版的池塘，裡面養了一條橫衝直撞的紅魚，院子裡還堆疊了些錫罐。沒事時他喜歡用那些罐子練習射擊，所以槍法挺準。我特意把相機留在袋子裡，不說話只是站在一旁看他瞄準。他有一點顯老，體態也駝了，不過人還是好看的。我去看了他睡覺的床，還有那塊幾乎沒怎麼拉上過的窗簾布。道再見前，我們一起站在一幅縮印版威廉・布雷克的《跳蚤幽靈》畫前。畫裡是一個像爬蟲般的人形生物，背脊微微彎曲，包覆著金色鱗片讓他顯得虎虎生風。

——那就是我的感受，他說。

他說這話時我正在扣外套，我想問他為什麼，但沒說出口。

跳蚤的幽靈，威廉當時想跟說我什麼？咖啡冷了，我招手示意再來一杯，隨手塗寫可能的答案，再立刻將它們劃掉，改而追想威廉・布雷克的陰影，蜿蜒行過巷弄曲折的北非城鎮，不同的節肢動物倏地出現、一閃而逝。威廉以撲滅者姿態出現走近一隻昆蟲，這時昆蟲高度專注的意識反過來征服了威廉。

這隻跳蚤吸了血，也存到體內。不過這可不是一般的血，病理學者口中的血液，對詩人而言是一種釋放的題材。病理學者以科學的方式來看待一切，但是作家會從他所看到的去演繹表現，所以那不只是血，而是字詞的噴濺？噢，那血中的活動，神亦無從得知。對這些噴濺的字詞，神又能怎麼做呢？一一歸檔存進神聖的圖書館？編列成冊再加上蒙塵的箱型相機所拍的晦澀圖片？將這一張張模糊又熟悉的畫面投向四面八方：逐漸淡去的白衣小鼓手、墨黑的車站、漿挺的襯衫、透著古怪的小東西、腥紅色的翻邊、特寫的舊時代步兵曲著身躺在微濕泥地上像根中國煙管沾上發磷光的樹葉。

穿白衣的男孩，他是從哪兒來的呢？這可不是我隨意編造，我是有根據的。第三杯咖啡幾乎都沒喝，我把關於威廉的筆記闔起來，留下該付的錢，打道回府。我想找的東西在某本書裡，所幸我有那本。到家後外套都沒脫，我就在書列前巡視起來，小心不要被其他書轉移注意力，隨手忙起別的事。我裝作沒看見尼加諾．帕拉的《晚餐後宣言》，沒看到奧登的《寄自愛爾蘭的書信》，但我一時不小心翻開了吉姆．卡洛爾的《寵物動物園》，這對任何渴望心醉神迷經歷的人都是本必要的書，我當機立斷把書闔起來。抱歉啦，我跟這些書說，現在沒辦法跟你們敘舊，我專心把正事先辦了。

一找到澤巴爾德（W. G. Sebald）的《追隨自然》（*After Nature*），我想到那個白衣男童的形象其實是用在作者的另一本書《奧斯特里茨》（*Austerlitz*）封面上。那張圖令人難忘，當時就吸引了我翻看，從而注意到作者澤巴爾德。懸疑得解，我放棄繼續尋找，熱切地打開《追隨自然》。有一段時間，這本薄薄的書裡那三首長詩對我的影響太深，讓我幾乎沒辦法讀。我一進入這些詩句的世界，馬上就會被轉送到一萬個其他世界裡。這樣的轉送所留下的證據被塞進書頁，曾經有一度我自大到在書中空白處潦草地寫上——我也許不知道你心裡想什麼，但我知道你是怎麼去想的。

馬克斯，澤巴爾德（Max Sebald。編注《追隨自然》主角。）！他蹲坐在微濕的泥土上，檢視一根彎曲的棍子。一根老人枴杖，還是普通的樹枝被忠誠的狗用唾液給扳彎？他看見，用的不是眼，他就是能做到。他辨識出寂靜中的聲音，在負面空間裡的歷史。他唸著咒語召喚不是祖先的祖先，精準一如在袖子上刺繡金線，熟悉地像是自己那條經穿多年布滿灰塵的衣褲。

就像沖洗好的底片夾晾在一條長線上，線繩延伸成一個大圓圈：剛好和根特祭壇畫（Ghent altarpiece。編注：「開閉形」祭壇組畫，外面九幅，閉合內有十二幅。）的順序相反，從一本令人驚嘆的書中截出來的一頁，描繪一株已經滅絕的繁盛蕨類，一張繪著哥達隘口的山羊皮地圖，一隻被屠的狐狸製成的外套。他呈現出一五二七年的世界，把這個人——畫家馬提阿斯·格呂內瓦爾德（Matthaeus Grunewald）——介紹給我們，聖子、獻祭者、偉大的作品。我們以為這一切會永恆持續，然而時間突然斷裂，事物紛紛死亡。畫家，男孩，所有的筆觸都變得模糊，沒有樂聲，沒有隆重的歡迎陣仗，只有忽然缺少的個別顏色。

這本小書像厲害的迷藥；你一走進作者的世界就會發現自己已踏上書中的歷程。我一邊讀一邊感受跟他一樣的不由自主，感受到自己多麼想要擁有他所描述的經驗，唯有自己寫點什麼才能緩解內在的焦慮渴望。這不單純是忌妒，而是真的感到血液沸騰。可是沒多久，我又走神了，書從我的膝頭上滑下，我不再沉迷，注意力轉到送麵包進來的小伙子腳後跟上的厚繭。

他低下了頭。跟著父親見習做學徒，他的命運已定，除了追隨父親的腳步，別無他途。每天他烤著麵包，心裡夢想著音樂。有一天晚上，父親睡著後他爬起來，他包了一條麵包，扔進一口麻布袋，偷偷穿上父親的靴，滿懷興奮跑離他的村莊，愈走愈遠。穿越寬廣的平原，風吹拂過印度的森林再刮上雪白的山巔。他就這樣一直走著，直到餓昏頭倒在平原，好心的知名小提琴家遺孀救了他。有她的照顧，他慢慢恢復了健康。感激之餘他想辦法幫各種忙回報她。一天晚上，年輕人看著睡夢中的她。他知道那個亡夫把無價之寶小提琴埋藏在她記憶裡的洞。他很想得到那把琴，便以她的髮簪為鑰匙，打開她的夢境。從中他找到那個被藏起的琴盒，志得意滿地抱起這把琴盒，拿到閃閃發光的樂器。

我把《追隨自然》放回書架，讓它跟其他世界的不同入口一起排排站。這些入口漂浮在書頁間，什麼也不解釋。寫作者和各自不同的創作法，寫作者和分別寫出的書本。我沒辦法假定讀者都熟悉他們，搞不好讀者連對我都不曾感到熟悉？讀者會想對我熟悉嗎？我只能懷抱期望，我把自己的世界盛在一個大盤子裡獻給讀者，盤子上盛滿典故和隱喻。就像在托爾斯泰大宅裡那個填充玩具熊托著的盤，橢圓形的盤，上面充斥著聲名狼藉或默默無聞的各色來客名片，很多張很多張。

托爾斯泰的熊，莫斯科。

·一山豆子·

住在密西根時，我是個咖啡獨飲者，因為弗雷德絕口不碰咖啡。母親給了我一只咖啡壺，跟她平常用的那把造型雷同只是容量較小。多少次我看著她用勺子把磨碎的咖啡粉從紅色的「八點鐘咖啡」罐裡舀到滲漏式咖啡壺的金屬容器中？多少次我耐心地等在爐邊看著咖啡。這種時候母親會坐在廚房的工作桌旁，咖啡蒸氣從她的杯子裡冒出來，混著她抽了一半擱在缺角老煙灰缸上的香菸，兩種煙霧相互纏繞。母親穿著件藍花家居外套，跟我一樣直長的雙腿光著腳，沒穿拖鞋。

我用她給的壺煮我的咖啡，坐在鄰近紗門的廚房小方桌上寫東西。卡繆的照片就掛在電燈開關旁，那是張很有代表性的卡繆肖像，他穿著外套，唇間叼根菸，看起來像年輕時的亨佛瑞·鮑嘉，照片用我兒子傑克森手捏的陶土框裱起來。照片上有層綠色光，框的內角有著鋸齒狀，像橫衝直撞的機器人張開的口。沒有玻璃，歷經歲月的影像逐日褪色中。

小時後兒子因為每天看著這張照片，誤以為卡繆是遠房的叔叔。我寫東西時常常抬頭看看卡繆。我寫過一個不曾出遊的旅人，寫過一個畏罪潛逃的女孩，和聖露西同名，盤子裡掛兩個眼睛就是這位聖人的象徵，所以每當我煎兩個單面荷包蛋就會想起她。

那時我們住在一棟鄉村石屋裡，位於一處原來是運河後來抽乾的聖克萊爾河畔，步行距離內沒有任何咖啡館。我只好將就便利商店裡的咖啡機。星期天上午我通常會起個大早，走個四分之一哩路，買一大杯黑咖啡和一個澆糖漿的甜甜圈，然後在漁具店後面的水泥空地上歇息。對我來說，那地方有點像坦吉爾，雖然我根本沒去過那裡。我坐在白色矮牆圍起來的角落地上，把真實時間丟在一旁，自由徜徉在連結過去與現在的便橋上。我的摩洛哥。我搭上任何一班想像的火車，不需要真的提起筆，盡情虛構一些精靈、雞鳴狗盜之徒、完全杜撰出來的旅行者，這地方就像我的流浪地帶（vagabondia）。流浪完我就走路回家，心滿意足，然後把每天的工作完成。後來，我終於去了摩洛哥坦吉爾，但當年漁具店後的小角落，至今都是我心中真正的摩洛哥。

密西根。那段神秘的時光。那段充滿小小樂趣的時期。那時只要一顆梨子出現在果樹枝頭，墜落滾到我腳旁，就能激勵我。如今我一棵樹也沒有了，也沒有小孩床和曬衣繩。生活中剩下不同版本的書稿夜裡從床角滑下，散落地板上。還沒畫完的帆布釘在牆上，尤加利樹的芳香也遮不住用一半的松節油和亞麻籽油氣味。浴室的水槽裡露出鏽鏽點滴污漬——踢腳板的邊緣上也有——刷子拂過的牆上也出現一點一點的斑。人只要走進一個作息空間裡，就能感覺到這裡核心工作是什麼。喝了一半的咖啡紙杯、吃剩一半的小店三明治、外面結了一層殘漬的湯缽。隨處都是生活中的樂趣和不經意。有時候喝點龍舌蘭，有時候稍微自慰，大部分時間就是工作。

——我就是這樣活著的，我這麼想。

我知道月亮終究會不斷爬高照進我的房，但是我不能空等。我想起一種令人寬慰的黑暗，一個夜間女僕走進旅館房間，重新鋪好床，收起床罩。然後我對一波波襲來的睡意放棄抵抗，俯首臣服，淺嘗這恩賜的黑甜，一層又一層，彷若一盒神秘的巧克力。手臂上一陣疼痛把我弄醒，繃得太緊了，我保持平靜。這只是一場暴風雨，我用稍大的聲量告訴自己。我不斷夢見死去的什麼，到底是誰呢？他們被血色樹葉覆蓋著，再被蒼白的落花淹沒。我傾身想看看錄放影機上的電子時鐘，因為記不得怎麼操作才能正確啟動，這台機器我平常很少用。凌晨五點鐘。我忽然想起電影《大開眼戒》（*Eyes Wild Open*）裡那段挺長的計程車場景，慌了手腳的湯姆．克魯斯在真實的時間之流裡進退兩難。庫柏力克當時在想什麼？他在想真實時間的電影是藝術唯一的希望，他在想歐森．威爾斯拍《上海小姐》時是怎麼毅然決然把麗泰．海華斯著名的披肩紅長髮剪短並染淡。

我聽到開羅在乾嘔。我起床喝了點水，牠就跳上床睡到我的身旁。我又換了不同的夢，一個我不認識的男人迷失在電影《巴西》裡那種巨型檔案櫃疊成的迷宮，他試了又試，但走不出來。我莫名其妙醒過來，摸到床下想找襪子，卻只發現一隻之前找不到的拖鞋。我擦掉開羅吐出來的東西，赤腳走下樓，中間踩到一隻破損的橡皮青蛙，然後花了不成比例的時間幫這些貓準備早餐。阿比西尼亞小貓們圍著我繞圈圈，最老的和最聰明的眼睛瞄著食缽，那隻大雄貓盤踞在平常的位置上，緊盯著我的一舉一動。我把裝水的碗沖了沖，裝上過濾水，將一堆大小不一按牠們的個性習慣所挑選的碟子，一一裝上適當分量的貓食。但牠們看上去並非心懷感謝，而是滿臉狐疑。

咖啡店裡還沒有人，廚師正在把我座位旁的排氣口承板卸掉螺絲拆下來。我帶著書進洗手間，讀著書等他做完。結果當我走出來時，廚師已經不在，有個女人卻準備要坐上我的位置。

——抱歉，這是我的位置。

——你預訂了嗎？

——那倒沒有，不過這是我的位置。

——你剛剛真的坐在這裡嗎？桌上沒有東西呀，你連外套都還穿著。

我站在那裡說不出話來。如果這事發生在《殺機四伏》（*Midsomer Murders*）影集中，她保證會被掐死丟到廢棄教區牧師駐所後的荒溝裡。我聳聳肩坐到另外一張桌，希望她馬上會離開。她講話超大聲，還問店裡有沒有火腿蛋鬆餅，有沒有冰咖啡，有沒有脫脂牛奶，明明菜單上都沒有這些。

這樣她應該就會走了吧，我心想。結果並沒有。她把她那個超大尺寸紅色蜥蜴皮包啪答一聲擱到「我的」桌子上，用手機打了無數通電話。你完全沒辦法不聽到她那些讓人討厭的對話，內容集中在追查一件送丟了的聯邦快遞包裹。我坐在那裡盯著眼前的白色馬克咖啡杯想像這個情況發生在影集《路得》（*Luther*）裡最後她被發現臉部朝上躺在雪地裡，紅皮包被扔在一旁，東西掉得到處是，那個畫面就像瓜達露貝聖母像，四周還有聖光。

——就為了個小角落位置，你居然這麼陰暗！我內在的良知發出聲音。

喔，那好吧，我說。願她心中充滿世上諸般喜樂。

——很好，很好，我的良心讚美著。

——願她買了彩券，還選到中獎號碼。

——不必這樣吧，不過也沒關係。

——然後願她拿了獎金訂了一千個這樣的包，一個比一個豪華，讓聯邦快遞給她送來，然後她就陷在包包陣裡，沒得吃沒得喝也沒手機可以打電話。

——算了，我不管你了，我的良知說。

——我也不管你了，我說，然後出門上街去。

好幾輛送貨的卡車把原本就不寬敞的貝德福街塞到癱瘓。自來水事業處正在施工，為了找主要水管就在近「德摩神父廣場」一帶大聲敲打。我橫越街道走上百老滙街，向北走往二十五街上紀念聖沙瓦的塞爾維亞東正教教堂，那是塞爾維亞人的守護聖者。我停下腳步，一如往常，看著尼可拉．泰斯拉（Nikola Tesla）的胸像，這個發明交流電的聖者，如今像個孤獨哨兵，站在教堂外。沒多久，一輛「聯合愛迪生公司」的貨卡停在我前方。不值得尊敬，我心裡這麼想。

——你覺得自己有問題，他對我說。

——所有的電流都歸你，泰斯拉先生。

——好說好說！我能幫你什麼？

——噢，我寫作遇到瓶頸寫不下去。一直在無精打采和焦慮不安兩個極端間擺盪。

——真糟糕。也許你應該走進教堂，點根蠟燭獻給聖沙瓦。他為世間航行的眾船撫平海洋。

——也對，或許我該這麼做。我現在失去了平衡，無法確定哪裡出了錯。

——你把生活樂趣不知道放哪兒去了，他毫不猶豫地說。沒有樂趣，我們就跟死掉的人沒兩樣。

——那要怎麼把樂趣找回來？

——去找那些有樂趣的人，讓自己跟他們一起徜徉在美好之中。

——謝謝你，泰斯拉先生。我有什麼可以回報你的嗎？

——有的，他說，你能不能稍微向左邊靠一點？你現在擋住了我的陽光。

就這樣我漫遊亂逛了幾個小時，淨找些已經不在的地標。當鋪，小吃店，廉價旅館，這些都沒有了。「熨斗大樓」雖然有點變化，至少還在原來的地方。我站在那裡看著它讚嘆，就像六三年我頭一回看到它，心裡對興建它的人肅然起敬，丹尼爾．伯恩罕（Daniel Burnham）。他在三角型的地基上蓋出這幢傑作，只花了一年。回家的路上我停下來吃了片披薩，一邊心想會不會是熨斗大樓的三角形狀觸發了我對披薩的欲望。我還外帶了杯咖啡，結果因為蓋子沒有蓋好，潑灑出來濺到我的外套。

之後我走進華盛頓廣場公園，一個小孩拍拍我的肩。我轉過身來，他對著我笑並遞給我一隻短襪。我馬上認出那是我的，一隻淺褐色的棉製萊爾線織襪，邊緣還繡了隻金蜜蜂，我有好幾雙這樣的襪子，但這一隻是哪來的？這小孩還有同伴——兩個十二三歲的女孩——正在一旁笑個不停。看來這是昨天那隻襪子，因為黏在褲腳上，步行時滑落地面。謝謝，我含糊地說，然後把襪子塞進口袋裡。

經過「但丁咖啡館」，透過寬大的玻璃窗我看到裡面的牆上都是佛羅倫斯的壁畫。我還不打算回家，就進去點了杯埃及甘菊茶。茶盛在玻璃壺裡送上來，金黃色的花瓣落在壺底。落花蓋住了死者，像古老謀殺敘事歌謠中的一行。這時我終於想到今天早上的夢中影像的來歷——美國內戰裡的西羅戰役。幾千個年輕士兵陳屍戰場上，在一片花朵盛開的桃色果樹林中。傳說花朵紛紛落在他們身上，薄的像層芬芳的雪。我奇怪自己為什麼會夢見那景象，話說回來，我們什麼都會夢到不是嗎？

我坐在那裡，久久地喝著那壺茶，一邊聽著收音機廣播。令我高興的是選播歌的似乎是個用心的人，他挑了一些久被遺忘的老旋律。塞爾維亞龐克樂團唱的〈白色婚禮〉，接著是尼爾．楊（Neil Young）唱著沒有人是贏家，這是殘害人的戰爭。尼爾唱得沒錯，沒有人能贏得什麼，贏只是一個幻象，這是真的。太陽就要下山了，這一天都到哪兒去了呢？我忽然憶起有一次弗雷德在北密西根我們租的小屋裡找到一台手提放音機。他把機器打開，轉盤上有張單曲盤〈雷達愛〉（Radar Love），「金耳環樂團」的一首情歌，很能唱出我們當時遠距離談戀愛的情境，也反應了我們在一起感受到的電流。機器裡只有這首歌，我們反覆倒帶，一回又一回地播放個沒完。

先是地方新聞報導然後是全國新聞，氣象預報另一場大雨即將來襲。其實我從自己的骨頭就能感覺到。接下來播放的是「狐狸艦隊」樂團（Fleet Foxes）唱的〈你的保護者〉（Your Protector）。歌詞裡那種語帶憂鬱的狠話，振奮了我。該走了。我把錢放在桌上，彎腰繫好靴子的鞋帶，之前在華盛頓廣場奮力跨過地上積水時弄鬆了。抱歉，我對鞋帶說，再用餐巾紙把濺上的泥漬擦掉。我注意到那張餐巾紙上有行字，便把它塞進口袋，打算晚一點再來破解其中的含意。綁鞋帶時，收音機開始放〈多麼美好的世界〉（What a Wonderful World），我坐直身，熱淚在眼眶中蓄積。我向後坐，倒進椅子裡，閉上眼睛儘量不讓歌往心裡去。

* * *

——如果你沒有情人，那人人都是你的愛。

一早就出現大賣場的卡片賀詞，是那個陰魂不散的牛仔捎來的殷勤問候。我到處摸索找眼鏡，結果發現眼鏡被我用紙包起來，跟一本翻爛了的平裝書《大笑的警察》擺在一起，旁邊還有條衣索比亞十字架項鍊。他怎麼會一直出現呢？還有，他怎麼知道今天是情人節呢？我兩腳滑進我的莫卡辛軟幫鞋，拖著進浴室裡，心情有點兒不太爽。睫毛上黏著淚鹽，隱形眼鏡上沾了指紋變得霧霧的。我用一條熱毛巾敷上眼瞼，瞥見那張矮矮的木長凳，那凳子當年本來是象牙海岸的村民拿來讓小孩當作躺椅。上面堆了幾件白襯衫、穿太多年變得太薄的破爛T恤，還有弗雷德那幾件已經被洗到輕若無物的舊法蘭絨襯衫。當年我認為如果弗雷德的衣服需要縫補，我都可以自己來。我選了件紅黑野牛格子紋：似乎是不錯的選擇。我把粗藍布工作褲從地板上撿起來，甩掉襪子。

對，我是沒有情人了。那個牛仔也許說得沒錯，如果沒有可以一起過情人節的對象，那麼每個人都可能可以跟你過情人節。我決定把這個想法放在心上，免得我不由自主地花上一整天把蕾絲愛心貼在紅色西卡紙上寄往各種地方。

世界就是一切發生的事。這是維根斯坦在《邏輯哲學論》一書中獻給讀者的至理妙語。這話說得漂亮但幾乎不可能解釋清楚。我可以把這句話印上一張紙，然後塞進陌生路人的口袋裡；我也可以想像維根斯坦就是我的情人，我們隱居在挪威某個山腳下，成天意見相左冷戰不說話。

去「伊諾咖啡」的路上，我注意到左口袋的車線裂開，暗自提醒自己要找時間把它縫起來。我的心情突然隨之上揚。這天空氣清爽天光明亮，所到之處充滿生機，好像一隻稀有水棲物種，伸著長長、流動的觸手，垂下的肉從水母似的鐘形頭部垂直湧出，半透明，一條一條。如果人類的活力也能這樣具體化，那我現在大概會有一條一條活力從黑大衣的邊緣鑽出來，起伏飛舞。

「伊諾」的洗手間裡有個小花瓶，插了一束紅色玫瑰花苞，我把外套脫在對面的空椅子上，然後花了將近一個鐘頭，邊喝咖啡邊在筆記本裡畫單細胞動物，還有各式各樣的浮游生物。這樣做給我一種怪異的安慰，我記得以前作過類似的事。我會從爸爸的書桌架子上拿走厚厚的教科書，他有各種這樣的書，大多來自教堂前攤子上買來的回收再便宜出售的書。內容從飛碟研究到柏拉圖都有，甚至還有真渦蟲圖錄，反映出他常保好奇的內心狀態。我會專心地研讀某本書好幾個鐘頭，端詳著裡頭充滿奧秘的世界。內容對我來說太難懂，我當年不可能參透，但是那些活生生用單色描繪的有機體，在我心裡會自動填上許多種顏色，像閃閃發亮的假餌，拋入了螢光池子裡。那本不知名又頗為費解的書，就因為書上有草履蟲、藻類和阿米巴原蟲，仍在我記憶裡活生生地漂浮著。這種隨著時間消失的事物，我們有時候其實很想再見到。我們盯著周遭想找出那些東西，好像在夢裡找自己的雙手那樣。

我爸說他從來不記得自己的夢，但我可以輕易地把夢從頭到尾講出來。他還跟我說人在夢裡很少能夠看到自己的雙手，我當時認定如果存心要看我就可以看到。可是我試過幾次，總是失敗。我爸覺得這樣試很沒意義，但我就是想侵入自己的夢，這個想頭在我諸多希望能實現的願望中一直高踞榜首。

小學的時候我常常被罵不專心。那是因為我忙著想一些這類的事情，想解開一些成群成串沒完沒了無法回答的謎團。例如，一山豆子的價值是多少曾經佔據了我二年級的多數時光。當時我為了伊妮·麥道克勞夫特所寫的《大衛·克拉基特的故事》（*The Story of Davy Crockett*）裡面一段說法朝思暮想。我本來不該讀到那本書，它被放在三年級的書架上。我只是受它吸引就順手放進書包，自己偷偷讀起來。看完故事我馬上就認同起年輕的大衛，他長得又高又瘦，動作又笨拙，常常講些大話害自己陷入困境，該做的工作都不做。他的老爸認為大衛還不如一山的豆子。這話對當時只有七歲的我，完全不能理解。他老爸那樣說到底是什麼意思？晚上我睡不著，想著這件事。一山的豆子有什麼價值呢？有什麼東西堆成山會比大衛·克拉基特這個男孩有價值呢？

有一天我跟我媽一起在A&P超市裡推著購物車逛。

——媽，一山的豆子值多少錢？

——噢，派蒂，我不知道耶。去問你爸。車我來推，你去拿麥片，不要拖拖拉拉。

我很快就完成媽媽交代的任務，抓起一盒脆麥片，然後就跑到乾貨區去察看豆子的價格。這時我遇到了新難題，他說的是哪種豆子呢？黑豆、四季豆、蠶豆、利馬豆、綠豆、菜豆，各種不同的豆子，更別說還有烤豆子、魔術豆和咖啡豆。

最後我認為是大家小看了大衛．克拉基特，連他老爸都小看了他。雖然他的缺點很多，但他一直努力成為有用的人，還幫父親把債務還掉。我把這本不該我讀的書讀了又讀，跟著他在書中的經歷讓自己去到意想不到的地方。這一路上如果我迷了路，我就靠途中撿到的羅盤指路，那是我在踩踏濕葉堆時撿到的舊羅盤，很舊又生鏽，但仍然管用，它能和地球與各星系的規律相互連結，它可以指示我所在的位置，讓我知道哪邊是西方，但它不會跟我說我該怎麼走，也不會拿我跟其它東西比價值。

·沒有指針的時鐘·

一開始是真實的時間。一個女人走進七彩繽紛的花園。她什麼都不記得，胸中只有初萌的好奇心。她走近那個男人，他一點也不好奇。他站在一棵樹前，樹上有個字然後變成了名字。接著他知道了每一種活物的名字。此時此刻他既沒有野心也沒有夢。而女人受到神祕感受驅使，朝他走去。

我把筆記本合起來，坐在咖啡館裡想著什麼是真實的時間。是完全不被打斷的時間嗎？人們只能理解當下這一刻的時間嗎？我們的思緒是不是就像轟隆通過的火車，完全不歇止，沒有縱深，就像一張張影像重複的巨幅海報颼颼翻動著？就像從窗邊的座位上看到一幅景象，下一刻在同樣窗格裡又是另一番模樣？如果我用現在式寫作，隨意扯著過去或剛剛，那也能算在真實的時間裡嗎？真實的時間，我繼續推理著，沒辦法像鐘面用數字標示等分般把時間區隔分段。如果我在現在的時間裡卻一直寫著過去，我還隸屬在真實的時間裡嗎？也許根本沒有過去或未來，只有持續發生的現在包含著屬於記憶的三位一體。我看看外頭街上，注意到天光正在改變。也許是太陽閃躲到浮雲後，也許是時間躲起來。

弗雷德跟我向來不受時間局限。一九七九年我們住在底特律鬧區的「布克凱迪拉克旅館」。我們依著時序過日子，但其實無視世人對時間的規劃，逕自

拱廊酒吧（Arcade Bar），密西根州底特律。

走過流逝的日日夜夜。我們常常整晚熬夜聊天到黎明，累了倒頭就睡，常睡到夜幕低垂。醒來就出門找二十四小時營業的小餐館，或是開車到「藝梵家具」閒逛，這家大賣場半夜也開張，還提供免費咖啡和沾了糖霜的甜甜圈。還有時間我們就開著車漫無目的地往遠方逛，天亮前再找個汽車旅館，名稱叫「休倫港」或者「塞基諾」這種便宜旅館，然後進去睡它一整天。

弗雷德很喜歡我們旅館附近的「拱廊酒吧」。這家店一早就開門，三〇年代風味的吧檯和幾組隔成一格格的桌椅，店裡還有一個烤肉架，和一面沒有指針的大型鐵路鐘。「拱廊酒吧」裡沒有真實時間也沒有不真實的時間，我們可以和外表落魄的客人一坐好幾個小時，在滿懷同情的靜默中編織一些語句和構思。在那裡弗雷德點啤酒，我喝黑咖啡。有一個早上，他在「拱廊酒吧」的吧檯前，看著牆上的大鐘，忽然想到一個做電視節目的點子。那還是有線電視發展的早期，他想搞一個在WGPR播的節目，WGPR是底特律最早的黑人獨立電視台。弗雷德的節目，「下午先醉」，就落在這沒有指針的鐘面上，節目宗旨是從時間壓力和社會期望的束縛中解放出來。每集請個來賓跟他坐在這座鐘下的桌前，光是喝酒聊天。他們可以盡情地喝，想到什麼就說什麼。弗雷德這個人什麼題目都可以聊，從湯姆．華生（Tom Watson）的高爾夫球揮桿到芝加哥種族暴動到鐵路運輸的式微，都可以說得有聲有色。弗雷德擬了一個各行各業有可能受邀的來賓名單。第一個名字是克里夫・羅伯森（Cliff Robertson），是個有點心理問題的二線演員，他和弗雷德對飛行都很熱衷，兩人算是很投緣。

接著依照節目進行的情況，設計不特定的中場時間，給我一個十五分鐘時段，叫「咖啡時光」。最初想的是找雀巢咖啡贊助廣告。我的時段不請來賓，而是邀請觀眾跟我一起喝杯雀巢咖啡。另一方面，弗雷德和他的來賓則不需要跟觀眾互動，他們只要跟彼此對話。我當時甚至都已經找好並買下主持這個時段要穿的衣服——一件灰白條紋相間的亞麻洋裝，前面有一排釦子，款式是沉肩袖還有兩個口袋，有點法國教誨師風格；弗雷德決定就穿他的卡其襯衫打上一條深棕色領帶。在「咖啡時光」裡，我打算討論囚犯文學，主打惹內和阿爾貝蒂娜・薩拉贊（Albertine Sarrazin）這類作家，而在「下午先醉」裡，弗雷德會請他的來賓喝點裝在棕色紙袋裡的極品干邑白蘭地。

並不是所有夢想都需要實現，弗雷德曾經這麼說。我們完成了一些根本沒人知道的事。例如，那一年我們從法屬圭亞那回來後，他毫無前兆地決定去學開飛機。一九八一年我們驅車去北卡羅萊納外海岸向「萊特兄弟紀念公園」裡美國第一個飛機場致敬。我們走158號州際公路到殺魔山，沿著南方的海岸線一路開著，從一家飛行學校到另一家，途經卡羅萊納到傑克森威爾，佛羅里達，再到費南迪那海灘，美國海灘，戴通那海灘，然後繞回到聖奧古斯丁，投宿在一家海邊汽車旅館，住進附有小廚房的客房。弗雷德飛行之餘喝點可口可樂，我呢就寫寫東西酗咖啡。我們帶了些迷你瓶裝的Ponce de León礦泉水——那是從地底下噴湧而出、被世人認定的青春之泉。我們不要把這些水喝掉，他說，於是這些小瓶子就變成我們的無價珍藏。一度我們還考慮買座廢棄的燈塔或者一艘捕蝦拖網船。後來我發現自己懷孕了，才回到底特律的家，這一堆夢作不成了，我們改作另一堆。

弗雷德最終如願領到了他的飛行員駕照，卻始終沒錢真正飛一趟。我一直寫個不停，但是一本書也沒寫完。那段時間裡，我們緊緊擁抱沒有指針的時鐘這個念頭。世界上各種工作都有人做著，抽水機有人操作、沙包都被排好、樹也一一種上、襯衫被熨平、摺邊已縫上，我們想保留自己還能忽視那些指針不停轉的權利。回頭想想，在他逝世那麼多年後，當年我們的生活方式仍像奇蹟，要不是一顆平凡心靈內的珍貴至寶與那時間齒輪靜默地合拍，那樣的奇蹟不會發生。

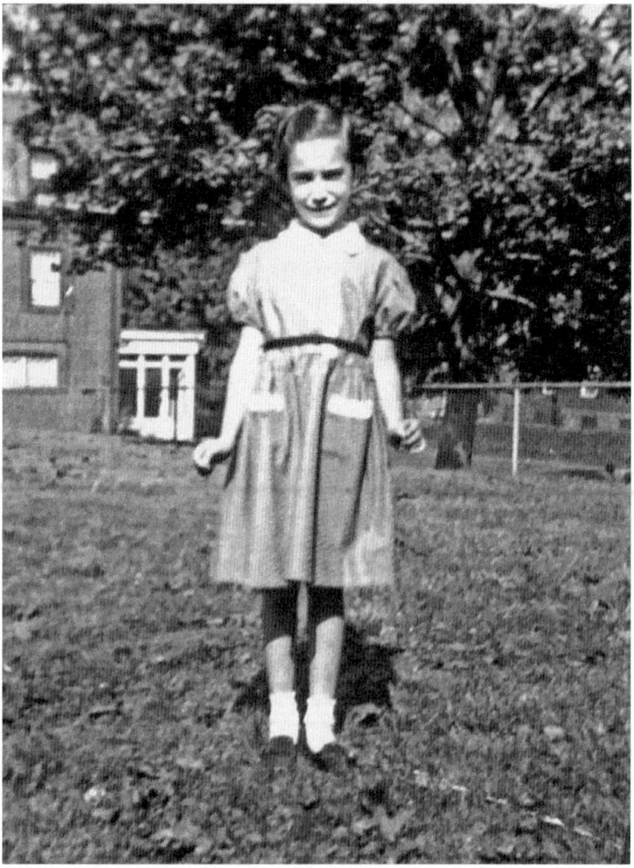

賓夕凡尼亞州德國城，作者本人，一九五四年春。

・井・

聖派崔克節那天下起雪來，給一年一度的遊行帶來些麻煩。我躺在床上看著天窗外雪花紛飛。聖派蒂節——跟我同名的節日，以前我爸常常這麼逗我。我彷彿能聽見當年他那宏亮的聲音，與片片落雪合而為一，要哄我從臥病的床上起來。

——起來吧，派翠西亞，這可是你的節日。燒已經退了。

一九五四年初的那幾個月裡，我沉浸在甫由病中康復的受寵氣息。我是費城地區唯一一個登記有案的全發猩紅熱兒童患者。弟弟妹妹們都只能在拉著黃色隔離警示的門外臉色陰沉地看著我。睜開眼睛也只看到他們小小的棕色鞋子邊緣。冬天就這樣橫生生過去，我這個帶頭玩的大姐卻不能出門，無法指揮他們用積雪蓋城堡，無法為小朋友的巷戰規畫陣式、擬定策略還有調兵遣將。

——今天是你的節日。我們去外面走走。

那天出了太陽，微風徐徐吹。媽媽幫我把衣服拿出來讓我穿上。之前一連串的高燒，讓我掉了很多頭髮，本來瘦高的身形如今又消瘦一大圈。我沒忘記戴上那頂海軍藍水手冬帽，就像漁夫常常戴的那種款，還穿了雙橘色襪子，好紀念我那位信新教的祖父。

我父親在離我幾呎之外蹲下來，鼓勵我自己走。

我腳步不太穩地走向他，一旁的弟弟妹妹關心地看著。一開始還有點兒虛弱，慢慢力氣有了，速度也恢復，很快我就走到附近小孩群的最前面，拔腿任意行了。

我的弟弟妹妹和我都是二次大戰之後出生的。我最年長，玩樂都是我在帶頭，編劇情要弟弟妹妹投入搬演。弟弟陶德，是最忠誠的武士，妹妹琳達，專門聽大家抱怨然後照顧我們，她會用幾條舊麻布幫我們包紮傷口。我們用紙板做成盾牌，敷上鋁箔，還畫上了馬爾他十字架的裝飾，我們出任務時都會受到天使的祝福。

我們都是好孩子，但與生俱來的好奇心常常搞得我們遍體鱗傷。如果我們被抓到跟別群孩子糾纏不清，或者跑到不允許去的街區，我媽就會把我們都叫到一個小房間，告誡我們不許吭聲。表面上我們都很認分接受處罰，但是等到房門一關，我們就悄悄地重新佈署起來。房間裡有兩張小床和一個寬型兩門抽屜的櫟木五斗櫃，上面刻著橡實還有把手。我們會在五斗櫃前坐成一排，然後我會小小聲地下達指令，示意接著怎麼做。我們會一本正經地扭開抽屜把手，分別進入三個去向的入口，投身冒險中。我把燈舉高，大家急急忙忙上了船，進到無憂無慮的世界，隨著小孩子的興致所至，把新發現的壯麗景象繪入海圖。我們玩著爭奪把手的遊戲，勇敢面對新的敵人或者重新到訪月光照耀的森林，找到泉水粼粼泌出的聖地，或是值得一探究竟的城堡遺跡。就這樣我們全神貫注靜靜地玩，直到我媽過來發布大赦，打發我們去上床。

窗外還是下著雪，我得打起精神起來。也許我這種病懨懨的狀態跟小時候那陣子的臥床有關，我對當年在床上那樣慢慢康復、讀著書、編著最初的那些故事，很有依戀感。這確實是我的毛病，該是我拔出紙劍，斬斷病灶的時候了，如果我弟弟還在，一定會推著我起來。

我下樓去，站在成堆的書前，沒辦法決定要選哪一本來看。就像當紅女星站在一排又一排掛得滿滿的衣架前，完全找不到衣服穿。我怎麼可能沒有東西可以讀呢？也許我缺的不是書，而是對什麼事情著迷的情感。我把手放上熟悉的綠色布面書脊、燙金的書名《瘸腿的小王子》（*The Little Lame Prince*），我小時候最喜歡的書——穆拉克小姐寫的故事，說一位俊美的年輕王子因為小時候缺乏妥善照顧而下肢殘障，然後被無情地關在一座孤零零的塔上，直到神仙教母給了他神奇的旅行披風，帶他到任何想去的地方。這本書不好找，我本來連自己的書都沒有，所以就反覆讀著一本破破爛爛圖書館借來的書。一九九三年冬天，我收到一些耶誕節包裹，還有我媽提前寄來的生日禮物。那一年冬天後來很辛苦，弗雷德生著病，我隱隱約約地害怕著，什麼都做不了。某個夜裡我醒過來，凌晨四點鐘，大家都還在睡。我小心翼翼走下樓梯，把媽媽給的包裹拆開，裡面是一九〇九年版品相良好的《瘸腿的小王子》。媽媽在書名頁上

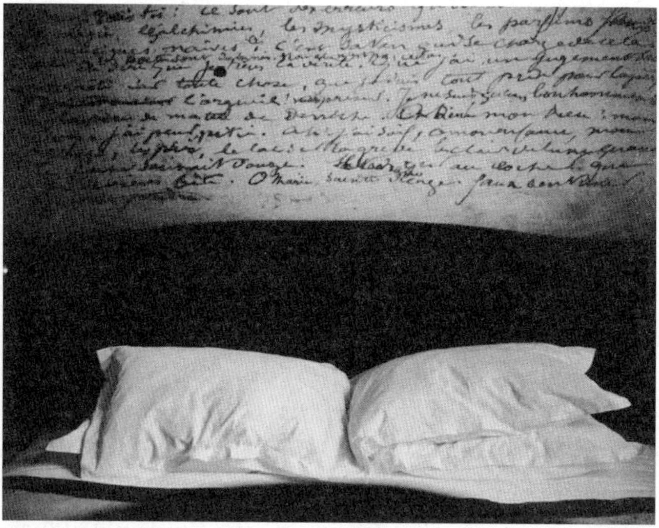

巴黎，Pavillon de la Reine。

用她當時已經開始抖的筆跡寫著「我們之間不靠語言」。

我從架上取下書來，打開到題字那一頁，看著她熟悉的筆跡，心裡盈滿了思念，這樣的心情安慰了我。媽咪，我大聲地呼喚，然後想像她忽然間停下手邊的動作，通常她就站在廚房的正中央，這種時候她會祈求外婆的保佑，外婆在她十一歲的時候就過世了。為什麼我們總是等到對方已經不在了，才充分明瞭自己對他們深深的愛？我把書帶上樓回到臥房，把它跟母親其他的書放在一起：《清秀佳人》、《長腿叔叔》、《林柏露斯女孩》（*A Girl of the Limberlost*）。噢，我準備要透過這些書頁感受重生的滋味。

雪繼續下。我把自己穿暖了跑到外面去迎接片片雪花。上街後我向東去，走到聖馬可書店，站在那裡一排一排地瀏覽，隨意選些想買的書，感觸不同書籍的紙張質感，檢查印上去的字體，期望某本書能有完美的第一行開場白。心灰意懶之際，我走到M字部，希望賀寧．曼凱爾（Henning Mankell）已經幫我最喜歡的偵探韋蘭德寫了新章。可惜架上他的書我都讀過了，我繼續在M字部徘徊，偶然地我被村上春樹空間交錯的筆下世界吸引住。

這之前我沒有讀過村上。過去兩年間我都在閱讀並且拆解波拉紐的遺作《2666》——來回從各種角度反覆地看。在《2666》之前，另一本讓其他書相形失色的是《大師與瑪格麗特》。而在熱烈讀布爾加科夫的那陣子前，我不辭艱深地像談熱愛一樣捧著讀的是維根斯坦的作品，當時我甚至還斷斷續續地想解開他那些等式。我沒辦法說自己已成功破解，但在那個努力的過程中，倒讓我對《愛麗絲夢遊仙境》的「瘋狂帽客」(Mad Hatter）出的謎語有了解答。他問為什麼一隻大烏鴉那麼像一張寫字桌？我腦中浮現小時候在賓州德國城的鄉下學校課堂，那時候我們還會用真的墨水瓶和木筆尖的鵝毛筆寫書法。大烏鴉和寫字桌？破解關鍵是墨水。我有把握一定是這個。

我打開一本名為《尋羊冒險記》的書，因為這書名感覺上很有戲。書封上有句話吸引了我——狹窄的街道和排水運河構成的迷宮。我當場就把它買下，這是可以拿來泡著我的可可亞一起吃的羊型脆餅。然後我走到附近的蕎麥麵店，點了附山藥的蕎麥涼麵，開始讀。我被《尋羊冒險記》整個吸引住了，結果在店裡坐了超過兩小時，邊喝清酒邊讀。覺得整個人都正在融化。

接下來的幾個星期，我一直坐在我的咖啡館讀著村上春樹。起來透氣的時間大概只夠去上個廁所或者再點一杯咖啡。

讀完《尋羊冒險記》，接著讀《舞舞舞》和《海邊的卡夫卡》。然後，好死不死，我開始讀《發條鳥年代記》。這本書徹底把我征服，彷彿把我裝進無法回頭的彈道中，像一顆流星轟隆被拋向地球上某個杳無人煙的荒涼角落。

傑作有兩種。有些經典劍走偏鋒幾近於神跡，像《白鯨記》、《咆嘯山莊》

《發條鳥年代記》，伊諾咖啡館。

或者《科學怪人》。然而還有一種書，作者似乎把活生生的能量灌進了文句之中，讀者被帶著團團轉，整個人像被用力擰出水，再掛起來晾乾，這是種具有毀滅性的書。像《2666》或《大師與瑪格麗特》。《發條鳥年代記》也是這種書。我才剛讀完，馬上覺得非要再重讀一遍不可。首先，我真的不想離開這本書的氛圍，此外，書裡那些句子陰魂不散跟著我，讓我朝思暮想難以割捨。好像有什麼擰成一個精心打的結，結的粗邊就在我睡覺時摩娑我的臉頰。我想那跟村上在書裡第一章描寫某棟房子的宿命有關。

小說的敘述者一開始在他位於東京世田谷區的公寓附近尋找走失的貓。一路走過狹窄的後巷，最後他來到那個所謂宮脇家——一棟荒煙蔓草中的廢棄住宅，宅子裡有座不值錢的鳥形石像和一口廢井。故事到這裡完全看不出接下來他會被這個地方困住，其他事情都變得不重要，甚至從這口井找到另一個平行世界的入口。本來只是在找貓，卻被引入宮脇家這個晦澀難解的情境，我也跟著身陷其中。我是如此沉溺其中，根本沒有餘力想別的事，如果可能我很願意買通村上春樹替我特別寫個加長章節，專門把這一章寫更長。如果我自己來寫，根本沒辦法滿足那種渴望，只會寫成推測性的胡編。唯有村上才能正確地描述那棟破舊房子周遭的一草一木，我對這屋子著迷到想找機會親自去現場看一看。

我小心翼翼地篩檢最後幾章，想找出一個段落。想知道有沒有哪句話顯示這片房產已經賣掉？最後我在第三十七章找到答案。那幾段話的開場是冷冷的句子：我們很快就會擺脫掉這個地方。確實這個地方終究會被賣掉，井會被填平封起來。如果不是我的記憶裡有個什麼東西像條活生生的線繩扭動著，可能我會完全忽略掉這一段。我整個人都受到衝擊，因為我以為敘述者最後會把這個地方當作他的家，會守護著這口井和那個入口。連那個不知哪種鳥的石像，我也有了情感，最後卻完全不見去向，沒有解釋，書裡根本沒說它去哪。

我向來討厭前言不對後語。沒說完的句子、沒開的包裹、莫名其妙消失的故事角色。這些像孤零零的床單披在晾衣繩上，獨自面對隱約來襲的風暴，在風中飄動直到一陣風把它吹走，變形成一團鬼魂或是小帳篷。我讀書或看電影，即使是其中不顯眼的事，只要作者沒交代，我就會不安起來，自己拼命找線索，或者想有個電話號碼可以打去問、想著給誰寫封信找答案。我並不是想找他抱怨，而是要對方說清楚，或者回答幾個問題，然後我才能把注意力放到其他事情上。

天窗上有幾隻鴿子走來走去。我很好奇發條鳥到底長什麼樣。我可以想像書裡的鳥形石像，那種石頭質地到處可見的雕像，把鳥作成要飛的模樣。但發條鳥到底是什麼樣，我完全沒有頭緒。牠也有像小小鳥的心臟嗎？還是裡面藏著不知什麼合金做的彈簧？我踱著步走來走去，想著各種自動鳥的形象，像保羅．克利畫的〈吱吱叫的機器鳥〉還是中國皇帝的機器夜鶯那樣。可惜這些對於瞭解發條鳥幫不上忙。這就是我平常會感興趣的細節，但比起我對時運不濟的宮脇家那份非理性執迷，這些都不算什麼。我把這個有待繼續思索的難題存放，下次再想。

我坐在床上一集又一集看著沉著的霍拉修．凱恩帶領的《CSI：邁阿密》影集。我不時打盹，卻沒有入睡，半夢半醒，處於兩種狀況之間，不時天人交戰。也許我該像蟲一樣慢慢爬到牛仔那邊。如果我辦到了，這次我要忍住不嘲弄他，用傾聽代替拌嘴。我看到他的馬靴了，蹲下來想看看那雙靴子後的馬刺是哪一款。如果是金作的，那就確定他已經走了很遠，也許遠到中國。他正用力拍著一隻大馬蠅，好像準備說什麼，我能看出來。我蹲得低低的，發現馬刺是鍍鎳的材質，外圈還刻了一串數字，也許是彩券中獎數組合。他打了個哈欠，伸伸腿。

——事實上，傑作有三種。他只說了這個。

我跳起身，抓起黑外套和那本《發條鳥年代記》出門就往「伊諾」去。比我平常去得晚，但店裡還是空空的，這真是太好。但是咖啡機器上貼了一張手寫告示：今日故障。小打擊，但我沒離開，開始跟自己玩起隨便翻書頁的遊戲，希望能剛好翻到提到那棟房子的字句。就像玩塔羅牌，從裡面任意抽一張反映內心的狀態。為了好玩，我在扉頁空白處列清單，分別列出兩種大師傑作，接著我開始想有沒有第三種——就像那個什麼都知道的牛仔所說的。我寫了幾個可能性名單，加加減減，把大師傑作排來排去，像個秘密閱覽室的瘋狂管理員。

清單。就像在波浪、空想與薩克斯風獨奏樂音的漩渦裡投下小小的錨。一張從送洗衣物中搶救回來的洗衣清單，還有那本標寫著一九五五年的家庭聖經，上頭也列著清單——我所讀過最好看的書：《龍龍與忠狗》，《乞丐王子》，《青鳥》，《五小椒怎麼長大》。那麼《小婦人》或《布魯克林的樹》怎麼說？還有《愛麗絲鏡中奇遇》或者《玻璃彈珠遊戲》算不算？這些書該算在大師傑作的第一種第二種或者第三種上？哪些只夠格被說成受人喜愛？經典圖書是否應該另外算？

——別忘了《蘿莉塔》，牛仔發出聲音在我耳邊強調。

現在他不只在我夢裡出現，有點像是超自然聲音的拙劣版。不管怎麼說，我還是把《蘿莉塔》先加上。俄羅斯人寫的美國經典，我把它跟《紅字》排在一塊。

咖啡店裡新來的女孩突然出現。

——有人要來修機器。

——那很好呀。

——很抱歉今天沒有咖啡。

——沒關係。我這張桌子能用就好。

——而且都沒客人！

——對喔！都沒有客人。

——你在寫些甚麼？

我抬起頭看著她，有點愣住。因為我完全不知道自己在寫什麼。

回家的路上我在熟食店買了中杯的黑咖啡和密封起來的玉米麵包。天氣有點涼但我還不想進屋裡。我坐在門廊前，把咖啡捧在兩手中，讓手跟著暖和起來，然後花了幾分鐘試著把保鮮膜撕開，超級難，擺脫討飯的拉撒路還比這個容易。我忽然想到剛剛沒有把西撒·艾拉（César Aira）寫的《風景畫家人生中的一段軼事》（*An Episode in the life of a landscape painter*）列進大師傑作的清單。同時還想到也許該列個清單來網羅一些善於漫談的偉大作品，諸如何內·兜馬勒（Rene Daumal）的《一夜狂飲》（*A Night of Serious Drinking*）？情況漸漸變得有點不可收拾，說起來為下一場旅行列個旅途必備物品清單簡單得多了。

其實，天底之下只有一種大師傑作：就是大家一看就心裡有數的那種。我把自己的清單塞進口袋，站起身回屋裡，從門廊到房門口沿路留下一道玉米粉殘渣。我的思路像孩子們手上的火車頭一樣哪裡也到不了，倒是屋子裡還有百廢待舉的瑣事，我得動手一一弄好。我把一疊紙板綁起來準備回收，把貓群的水缽洗乾淨，把牠們灑滿地的乾貓食掃起來，然後站在水槽邊吃完一罐頭的沙丁魚，腦子裡還想著村上的那口井。

那口井很久以前就乾了，然而敘述者在開場那段神奇的筆法卻讓它不斷湧現出純淨甜美的水。他們真的會把井填滿嗎？這個井太神聖了實在不該只為了書中說要填滿它就將其填滿。我深深被這口井吸引著，甚至想要親去跑去看看，就像撒馬利亞人期待著救世主復活一樣，我希望親自到場然後停下來喝口水。這種期待裡無關時限，抱持著如此的希望，我就能夠永遠等待。跟故事中的敘述者不同，我並不真想進到井裡去，像個愛麗絲闖入村上的幻境裡。我沒辦法克服四面被圍起來的幽閉感、或是沉入水中的恐慌。我只是想靠近那地方，恣意地喝井裡冒出來的水，就像某些瘋狂的西班牙征服者一樣，為了遂行所願什麼都不管。

要怎麼找到宮脇家呢？事實上我並不絕望。我們有玫瑰指引著，那是書頁的氣味。曾經，我讀到《維根斯坦的火鉗》一書中卡爾．巴柏和維根斯坦那場難堪的混戰，之後我不就兼程趕赴國王學院，親自看到發生那段故事的場景嗎？我當時是多麼被書裡的氛圍吸引，光憑著小紙片上隨便寫著謎樣的H-3，我就成功找到去往劍橋道德科學會的路，找到兩位偉大哲學家唇槍舌戰所發生的歷史現場。找到所在地，我還徵得同意，入內參觀，拍了幾張歪歪倒倒，除了自己喜歡，別人完全用不著的照片。說起來那一路可不容易。之後我還出過一趟偵察任務，在一條長長的泥土路盡頭有棟隱蔽的農舍，我在那後頭發現維根斯坦年久乏人照料的墳墓，墓碑上的名字早就被一條條結網狀的黴藻苔蘚遮蔽，看起來就像他自己親手寫上的奇怪方程式。

我猜像這樣執迷於一萬兩千英里外的某棟房子是挺荒唐，尤其還進一步想找到這棟存在村上心裡、現實中不見得有的地方更是自找麻煩。我幾乎可以想像如果能對上他的頻道通訊，或者直接潛進那個心靈水池，我會大聲地呼喊，嗨，那個鳥的石像在哪裡呀？或者經手宮脇家的房地產仲介電話號碼幾號？我也可以直接問村上本人。我可以找到他的地址或是透過出版社寫信給他。因為這種機遇很獨特——吸引你的作品作家還健在！比起對十九世紀的詩人或者十一世紀的聖像畫家搞招魂靈會，寫信實在很簡單。不過這樣會不會好像在作弊？想像夏洛克．福爾摩斯不自己破案，卻跑去找柯南道爾，想把艱澀難解的書中謎題跟他討答案！他才不會去問柯南道爾，即使人命攸關，甚至要犧牲自己的性命，他也不願走到那一關。不，我絕對不會去問村上。儘管我可以試試隔空對他的潛意識分析歸納，或者若無其事地在時空入口處，約他一起喝咖啡。

真不知道那個時空入口處看起來是什麼樣？我想著。腦海裡響起好幾種聲音，他們的答案相互交錯、此起彼落。

——像柏林滕珀爾霍夫舊機場空蕩蕩的航站大樓。

——像羅馬萬神殿屋頂那個圓形透空天窗。

——像席勒花園裡那張橢圓形的桌子。

這個真有趣。互相沒有關係的各個入口，是故佈疑陣還是破案的線索呢？我翻遍了好幾個箱子，應該錯不了，我曾經拍攝過幾張舊柏林機場大廈。可是運氣不好，沒找到，倒是在一小本席勒的詩集裡，找到兩幅橢圓形桌子的照片。拆掉包著照片的玻璃紙，裡面兩幅照片一個樣，只是其中一張比另一張的陽光暈染得嚴重，拍照當時我故意選了一個昏暗角度，想強調它看起來像浸洗聖禮用的水盆。

二〇〇九年CDC的幾個會員在德國紹林吉亞東邊的耶拿聚會，那地方就在薩爾河寬廣的河谷上。那次聚會並非正式活動，是個興之所至的臨時安排，我們來到席勒當年的夏日小屋，當年他寫劇作《華倫斯坦》的地方。我們聚在那裡，讚揚常被人遺忘的弗利茲．羅維，他是魏格納最得力的幫手。

羅維個子高，敏感，輕微暴牙，走起路有點笨拙樣。是那種長於深思的古典科學家。加入魏格納的格陵蘭遠征隊後，他協助研究冰河。一九三〇年他跟魏格納走了一趟從西站到伊斯米特的疲累旅程，伊斯米特由兩位科學家索契和喬吉駐紮從事研究。羅維當時凍傷得很厲害，到了伊斯米特沒辦法再往前，魏格納只好把他留下，自己繼續走完。羅維兩隻腳的姆趾都在沒有麻醉的情況下遭切除，接下來幾個月，人就在睡袋裡平躺。因為不知道領導已經喪命，羅維和他的科學家同事繼續等，從十一月一直等到隔年五月，最後沒有人回來。那些日子裡，每逢周日晚，羅維就讀歌德和席勒的詩篇給大家聽，為這個大雪冰封的地窖注入生生不息的溫暖。

我們一起坐在橢圓形桌旁的草地上，那也是席勒和歌德一坐聊上幾個小時的地方。我們讀著索契的文章〈伊斯米特冬天〉（Winter at Eismitte）的其中一段，提到羅維的刻苦堅忍，又讀了他們當年跟外界失去聯繫時維繫他們溫暖的部分詩篇。當時是五月的下旬，繁花已經盛開，遠遠地傳來手風琴彈奏的輕快

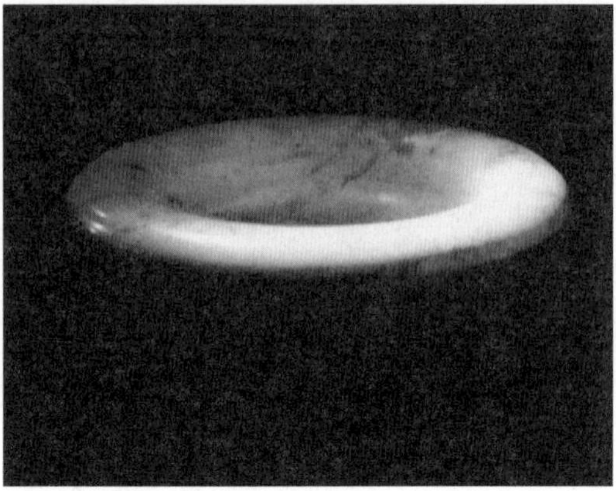

洗禮盤，布宜諾斯艾利斯。

席勒的桌子，耶拿（Jena）。

旋律，因著這段往事，我們就說這首曲子是「羅維之歌」。

互道珍重再見後，我自己繼續上路，搭了火車去威瑪，想去看尼采在他妹妹的照料之下曾經住過的地方。

我把石桌照片的其中一張貼在桌子前方。雖然畫面簡單，但有一種自然的力量，一下子把我帶回耶拿。這桌子真的很適合說明怎麼從時空入口處穿梭而過。如果有兩個朋友把手放在這張桌上，就像放在通靈板上，應該就能感受到自己和暮年的席勒與壯年的歌德存在同一個空間。

只要相信，所有的門都會為你而開。這是井邊的索馬利亞女人給世人的教誨。昏沉欲睡中，我突然想，如果那口井是個出口，那麼應該也會有一個入口。應該有一千零一個可以找到入口的方法，只要一個我就心滿意足了。也許入口就像考克多在電影《奧菲》（*Orphée*）裡描繪的喝醉的詩人傑奇斯帝所穿越的液態鏡子。但我不想穿越鏡子，也不想穿越量子隧道牆，更不想擅自穿越進入作者的內心。

最後，是村上自己提供了一個考慮周詳的答案。發條鳥的敘述者通過那口井到達一個不知名的旅館走廊，看到他自己正在游泳，那幾乎可以說是他一生中最幸福的時刻。正如彼得潘教溫蒂和她的弟弟們要怎麼飛起來的辦法一樣：

想一些快樂的念頭。

我擦亮過往歡樂的壁龕，在一個祕密的興奮時刻暫停不離開。雖然要花點時間，但我已經知道要怎麼辦。我會先閉上眼，專注想著一個十歲小女孩的手，她用手指把一根老式滑板起子繫在一個十二歲男孩心愛的鞋帶上。想些快樂的念頭。我乾脆划著滑板衝進入口吧。

芙烈達．卡蘿的床，「藍房子」(Casa Azul)，科約阿坎(Coyoacan)。

・幸運之輪・

有一段時間，我不作夢。好像是做夢的滾珠軸承生了鏽一樣，我徘徊在睡睡醒醒間，在兩個意識裡水平移動，不往深處探。醒了移動到睡，然後再返回另一端，不真的睡著也沒有確實醒來。哪裡也去不了，我只好玩起一個老遊戲來，這是很久以前我對付失眠的辦法，甚至搭長途巴士為免暈車也用這一招。首先我在心裡模擬跳房子，不是真的用腳跳。從遊戲區一路往看似無止盡的道路跳，一條硫鐵方磚砌的人行道，只有跳過這一區，才能到達迴盪著神祕回聲的終點。終點站可能是亞歷山大塞拉皮雍神殿，入場卡就綁在從上垂下的流蘇絲絨袍子上。通關時得先念一串某個字母開頭的詞，假如是M開頭，就念著Madrigal minuet master monster maestro mayhem mercy mother marshmallow merengue mastiff mischief marigold mind，念的時候不能停，一個字一個字，幫你一方塊一方塊過關。這個遊戲我玩過無數次，卻總是無法抵達擺盪的流蘇下，最慘的狀況是曲曲折折地去了另一個夢境，只好重來。閉上眼，手腕放鬆，手凌空在無形的鍵盤上畫著圈，手一停指向某個字鍵，比方字母V，接著念Venus Verdi Violet Vanessa villain vector valor vitamin vestige vortex vault vine virus vial vermin vellum venom veil，突然面前有什麼裂分而開，像蒸汽幕一樣輕輕鬆鬆，一場夢的開端就這麼來。

我站在每次夢中的同一家咖啡館裡。這裡沒有女服務生，沒人送咖啡。我走到櫃檯後磨好豆子，自己煮起來。除了牛仔，沒有人。我發現他身上有條疤，像條小蛇往鎖骨處爬。我幫我們倆各倒了杯熱騰騰的咖啡，同時避免和他四目交接。

——希臘神話沒有教會我們什麼，他說。神話只是故事，但人們在故事上添了自己的詮釋，附會了道德教訓。米蒂亞，那個復仇女神，你沒辦法改變她，雨和太陽一起出現，才會帶來虹彩。米蒂亞要看到背叛她的傑森痛苦，於是把孩子給犧牲。那種事終究會發生，就是這樣，活著就是一樁事導致另一樁，擋都擋不下。

就在我想著帕索里尼《米蒂亞》電影中描述的金羊毛故事，牛仔跑去上廁所。我站在門口看向外面的地平線，灰濛濛的景象被綠意全無的岩石山阻斷，米蒂亞在盛怒爆發後應該也是也爬上這樣的岩石山。牛仔到底是何方神聖？是像寫史詩的荷馬那種四處漂泊者吧，我猜想。我等著他出來，但實在等太久了。事情要轉變時總會有跡象：不準的計時器、轉不停的吧檯高腳椅、病懨懨的蜜蜂飄浮在奶油色的搪瓷小桌面上。我想救蜜蜂但什麼也幫不上，本想帳都不付一走了之，想清楚後決定丟幾個硬幣在桌上，一旁就是那隻奄奄一息的蜜蜂，這些錢應該夠把咖啡付了，再一切從簡地讓人用火柴盒把蜜蜂安葬。

我搖搖頭從夢中醒來，下了床，洗好臉，編上髮，找出禦風帽和筆記本，出門時還想著那個牛仔搞不好正在大言不慚繼續扯尤里庇底斯和阿波羅尼奧斯。雖然一開始他讓我很不爽，但我要承認他能一再出現，我覺得很是溫暖。至少我有人可以找，睡夢邊緣如果想找人說說話，我才有了人選。

就在我穿越第六大道時，「卡拉絲就是米蒂亞就是卡拉絲」這串句子隨著我靴跟敲地節奏一聲一聲響。帕索里尼拍《米蒂亞》時盯著他的選角水晶球看，挑出了瑪麗亞．卡拉絲（Maria Callas），史上歌聲表情最豐富的聲樂家，要她扮演臺詞沒幾句、完全不需唱的史詩性角色。米蒂亞可不會唱搖籃曲，她是把孩子殺掉的媽。瑪麗亞並非天生完美，她是從自己深不見底的內心井裡打撈出力量才征服了舞台世界裡的人群。然而她所演唱的那些角色不幸的境遇幫不了她面對人生的悲傷。當她被背叛遺棄，當她被晾在一邊，失去了愛情、歌聲和小孩，她讓餘生陷入孤寂。如果是我來想像，我會讓瑪麗亞掙脫米蒂亞厚厚的戲服，讓油盡燈枯的女王身上只剩一件灰黃連身裙，留著她頸項上一串珍珠。當她伸手去拿珠寶皮盒，那一刻天光灑進她巴黎的公寓。愛是世上最珍貴的珠寶，她喃喃低語，解開那串垂墜至她咽喉下的珍珠，卸下這時而升騰時而低迴的生命悲傷。

「伊諾咖啡館」門已開，裡面空蕩蕩，只有廚師一個人忙著烤大蒜。我多走幾步路，到附近麵包店買了咖啡和碎屑蛋糕，坐在戴默神父廣場的長椅上吃起早餐。廣場上一個男孩把妹妹高高舉起來，讓她能喝到湧泉的水。等她喝完之後，他自己也喝起來。鴿群已經聚攏過來，當我把蛋糕拆封時，犯下不可恕的錯，惹得一群鴿子、褐色糖粒和大群特別積極進取的螞蟻一陣亂。我低頭看著一撮撮的小草從破碎的水泥縫隙鑽出頭來。這些螞蟻平常都躲在哪兒呢？還有以前到處可見的蜜蜂和小白蝶，水母和流星，牠們都上哪兒去了？我打開筆記本翻看著幾張素描畫，一隻螞蟻爬過，上面畫的是我在比薩的帕多瓦植物園見到的智利酒棕櫚。我只畫了樹幹，樹葉都沒畫上。我畫了天堂但是沒把地球畫上。

來了一封信。芙烈達．卡蘿故居「藍房子」的管理主任寄信來，問我能否前去演講，談談這位藝術家革命性的一生和作品。謝禮是准許我進去拍卡蘿生前的遺物，那些她生命中的護身符。出門旅行的時刻又到了，我聽從命運的安排。雖然我渴望一個人的孤寂，但不可能推辭這個機會，那地方可是我打從少女時代就盼望一窺究竟的花園。我將走進芙烈達和迪亞哥．利弗拉住的屋子，穿走在那些原本只能從書中見到的房間。我要重返墨西哥。

當年把「藍房子」介紹給我的是《迪亞哥．利弗拉的精采人生》那本書，媽媽送我的十六歲生日禮。引人入勝的好書，滋養了我後來投身藝術的渴望。我當時就夢想著要旅行去墨西哥，嚐嚐那裡的革命滋味，踩踏在他們的泥土上，然後在那些不可思議的前代聖人寓居的樹前祈禱。

我把信重讀一次，對這個邀請益發感興趣。我想了一下接下來要做的事，也想起一九七一年春天年輕的我在墨西哥旅行的往事。那時候我才二十出頭，存夠了錢買到機票跑去墨西哥市。途中我在洛杉磯轉機，看到一個告示牌，一個女人被綁在電線桿上受難的影像——那是「門戶樂團」（The Doors）的專輯《洛杉磯女人》的廣告牌。收音機裡正播放著他們的單曲〈暴風雨中的騎士〉（Riders on the Storm）。那時我沒有任何邀請函，也沒有真實世界該有的計畫，只有心裡頭的使命，當時那樣就夠了。那段時間我想寫一本名叫「爪哇頭」的書，因為威廉·布洛斯告訴我世界上最好的咖啡長在環繞著韋拉克魯斯（Veracruz）的山裡頭，而我決心找到它。

一飛抵墨西哥市，我先去火車站買好來回票。我要搭的過夜臥鋪車還有七個小時才開。我找了個麻布背包塞進一本筆記簿、一支原子筆、一本墨跡班班的《阿鐸文集》（Artaud's *Anthology*），和一台小型的Minox相機，剩下的東西丟在寄物箱。換了點錢，我從現在已經不在的「奧蒂嘉旅社」往街上走去，找到一家自助餐館，點了碗燉鱈魚。我還記得魚刺浮在番紅花色的湯汁上，有根長魚骨還卡到我喉嚨。我一個人坐在那裡，被魚骨卡著。最後我總算用拇指和食指拔出那根刺，所幸沒出大洋相，沒有引起騷動不安。我用張餐巾紙把那根魚骨包起來，放進口袋，叫來服務生，付錢離開。

我重拾鎮定，搭上巴士往城市西南方的科約阿坎區去，口袋裡是「藍房子」的地址。那天風和日麗，我也滿心期待。但是一到那裡才發現門是關的，準備要大規模整修。我茫然站在巨大的藍牆前，完全無計可施、無人可依。那天反正我是進不去了，便走了幾條街，走到托洛斯基被暗殺的那棟房，那麼親近的人背叛殺了他，但在惹內看來這場暗殺也許是神聖之舉。我在浸信會教堂裡點了根蠟燭，然後坐在教堂長椅上，交握雙手，不時想一想被魚刺傷到的喉嚨還痛不痛。回到火車站，車掌准許我提前上車。我有個小型的臥鋪隔間，旁邊有支摺起來木頭椅，我用彩色條紋披巾綁上，再用阿鐸的書把脫落的鏡子架住，那一刻我真的很開心。我正在往韋拉克魯斯去的路上，墨西哥咖啡重要的心臟地帶。那可是我幻想要寫出「後垮世代」沉思錄，沉思我自己的命題的地方。

火車旅程平順無事，沒有希區考克式的恐怖懸疑。我把計畫再想一遍，我不追求什麼特別了不起的體驗，倒想找到不錯的地方住下來，喝上幾杯完美的咖啡。我可以喝十四杯咖啡都不會影響睡眠。下了車碰上的第一家旅社，各方面都符合我期待。「國際飯店」，他們給我的房間四壁刷白漆，房裡有洗臉台，天花板上有風扇，還有窗戶俯瞰鎮上廣場。我從書上撕下一張阿鐸在墨西哥的照片，把它放在塑膠壁爐台一根許願蠟燭後方。阿鐸熱愛墨西哥，我想他會很高興照片被放到這裡來。簡單休息後，我把錢算好，把需要數額拿在手上，其餘的塞進腳踝處有朵小玫瑰的手編棉襪裡。

上了街，我選了張位子絕佳的長椅坐下，把整個區域環視一番。我觀察到男人們每隔一段時間就會從兩家旅館之一出來，然後往同一條街走去。上午十點鐘左右，我不動聲色地尾隨著其中一個人走下蜿蜒的小巷，來到一家賣咖啡處，雖然外表不起眼，但似乎是個喝咖啡的重要地方。這裡算不上真正的咖啡館，不過卻是個買賣咖啡的地方。沒有門，黑白棋盤花色的地板蒙上一層木屑。咖啡豆用大口的粗麻布袋裝著，成堆放在牆邊。屋裡有幾張小桌子，但所有的人都站著，裡頭不見半個女人。這一路上我都沒看見女人，我只好繼續往前走。

第二天，我從容地逛進這間店，彷彿當地人，拖著腳步走過一路的木屑。我戴著雷朋經典飛官太陽眼鏡，那是之前在謝里登廣場一家菸草店買的，身上穿著包厘街上買來的二手雨衣。這件可是高級品，材質像紙一樣薄，邊緣有點兒磨損了。我假裝是《咖啡交易商雜誌》派來的記者，坐在小圓桌前，端起杯子翹起兩根手指。我也不確定為什麼要這樣作，不過那些男人都翹著手指喝咖啡，很厲害的模樣。我在筆記本上寫個不停，旁人也不以為意。這樣慢動作悠閒地度過幾個小時，真要形容的話只能說是很高尚。我注意到一張日曆就貼在一口豆子滿出來的麻布袋，上頭寫著：恰帕斯（Chiapas）。這天是二月十四日情人節，我即將把心獻給一杯完美的咖啡。咖啡端來的方式就像一場儀式，店主人站在我跟前等著，我給了他一個燦爛感謝的微笑，Hermosa，我用西班牙語稱讚咖啡的美味，他回報我咧嘴一笑。蒸餾出這杯咖啡所用的豆子，原是長在高地上，和野蘭花交纏而生，豆子上佈滿了蘭花花粉。這是大自然中的極端結合形成的精華。

上午其餘時間我就坐著看那些男人進進出出品評咖啡，把各種豆子聞了又聞，抓一把豆子搖幾下，放到耳邊像是要聽貝殼回聲，然後在桌上用他們小而厚的手滾著豆子，就像占卜，這樣折騰完了他們才下訂單。在那幾個小時裡，店主人不再跟我交談，倒是不斷地端上咖啡來。有時候用瓷杯，有時候用玻璃杯。午餐時間所有人都離開，連店主人也走了。我站起來逐一檢查那些麻袋，挑幾顆精選的豆子塞進口袋，當作紀念。

接下來幾天，我重複這個手法。最後我跟他們承認自己不是幫雜誌寫文章，而是要寫給後世子孫。我說我想寫一篇獻給咖啡的詠嘆調，我毫無歉意地解釋，說我會寫出傳世永恆一如巴哈《咖啡清唱劇》那種好作品。店主人雙臂交叉站在我面前，對我的狂妄自大你要他怎麼反應呢？接著他離開，做個手勢示意我留在原地。我不確定巴哈的《咖啡清唱劇》算不算天才之作，然而他對咖啡的狂熱，在那個咖啡被當作藥品、蹙眉以對的時代，是廣為人知的逸事。多年後連顧爾德在如火如荼融入《郭德堡變奏曲》時，也陷入了相同的狂熱，不由自主地從鋼琴上躁狂地嚎叫出聲，我就是巴哈！話說回來，我誰也不是，我只是一個書店員工，請假想寫本書卻一直沒寫出來。

沒多久他又出現，手裡拿著兩碟黑豆子、烤玉米、加糖的玉米粉圓餅和仙人掌切片，跟我一同吃起來，然後端給我最後一杯咖啡。我付了帳之後還給他看了我的筆記本。他邀我跟他走到工作桌前，取出一張他作為咖啡代理商的正式簽封，一本正經地貼在那本筆記本上的空白頁。我們握了握手，心知未來可能不會有機會再見，也知道我將不會再喝到他那讓人激動的好咖啡。

我迅速地打包，把《發條鳥年代記》丟到小金屬旅行箱的最上層。要帶的東西包括：護照、黑外套、粗藍布內衣、T恤四件、蜜蜂襪六雙，還有拍立得相機、黑色針織帽、一罐山金車油膏、方格紙、Moleskine筆記本、衣索比亞十字架。我從破舊的麂皮小袋裡拿出塔羅牌，抽出一張，這是我出門旅行前的小習慣。我抽到命運之牌，便坐在那裡睡眼惺忪地盯著牌面上的巨大轉輪看。好了，我心想，這樣可以了。

我夢見《幸運之輪》的主持人——帕特．薩加克（Pat Sajak）然後醒過來。事實上，我不確定那是不是真的帕特，因為我看到的是個男人的手正在把一張張大紙牌掀開，露出裡面的字母。怪的是夢裡我覺得這場夢以前作過，那雙手掀開了幾個字母，我幾乎能猜出是什麼字了，但一醒過來，卻完全想不出答案。睡夢裡我勉力想要看到夢的邊緣，可是畫面都是特寫，眼前之外的東西我都看不到，

事實上外緣好像還有一點變形，男人穿的華達呢布料衣服都走型了，像是打結了的生絲。他看起來像剛剛修過指甲，俐落又整齊，小指頭上還戴了金質的私章小戒。我當時應該好好看清楚，也許可以辨識出上頭的字樣是不是他名字的縮寫。

後來我想到現實生活裡帕特．薩加克根本不會自己揭這些字母。雖然電視節目算不算現實生活，這點可能有爭議。但大家都知道負責掀字母的是瓦娜．懷特而不是他。不過我已經忘了瓦娜的長相，更糟的是不管怎麼拚命想，我都想不起來她的臉是什麼樣。我腦子只有一件又一件亮麗的緊身連衣裙，那張臉

我就是沒印象。這讓我很困擾，一直感覺不自在，就像涉了案被盤問某個特定日期裡人去了哪，卻提不出不在場證明一樣。我可能會不確定地回答，那時候我在家，我在看電視上的帕特．薩加克掀字母牌，但是最後排出來的字我卻認不出來。

接駁車已經來。我把行李箱鎖好，護照收到口袋，上車坐到後座。一路上車流量大，我們枯等在荷蘭隧道外。我不由得又想起帕特．薩加克的手。有一種說法，如果一個人能在夢裡看到自己的手，好運就會跟著來，所以這接近好兆頭，不過得夢到自己的手才算——而非帕特．薩加克那隻特寫的手，而且還做著本來應該是瓦娜的工作。然後我打了盹睡著，做了個完全不同的夢。我在一座森林裡，所有的樹上都掛著神聖的裝飾，陽光下它們閃閃發亮。裝飾品掛得太高我搆不著，便從一旁的草地上撿了根木棍想把它們揮下來。當我去戳那些枝葉時，一大堆小小隻的銀手灑下，落到我的鞋邊，那是雙嚴重磨損的咖啡色牛津鞋，就像唸書時所穿的那樣，我俯身撈起那些手，看見毛毛蟲爬上我的襪。

車子停到機場A航廈，我卻辨不出方向。這是我要去的地方嗎？我問司機。他含含糊糊回了話，我只好下車，確認沒有把針織帽落下後便往航廈走去。結果他搞錯地方，害我得鑽過幾百個其他旅客才到達正確的航票櫃台。櫃台後面那女孩堅持要我去用自辦登機機器。我不知道過去幾十年我都活到哪個世界去，機場航廈什麼時候不幫人登機而弄出這種自動辦手續機器？我希望發登機證給我的是個人，但她卻堅持要我在自辦登機機器的螢幕上把我的個人資料打進去。我只好翻遍袋子找老花眼鏡，按照上面說的回答相關問題，然後掃描護照，機器建議我花一百零八美元把累積里程乘以三倍，我按下「不用」，螢幕馬上當機。我只好去告訴那女孩，她說那就一直按下去，之後又建議我試另外一台機器。我被搞得很毛，登機證列印時卡在機器裡，女孩只好用一支「友善航空」圓珠筆來處理，登機證勾出來後她意洋洋地把那張皺得像乾菜葉的紙遞給我。我走到安檢關口，把電腦從袋子裡拿出來，脫下帽子、手錶、靴子，全部放到一個匣子裡，還放了牙刷、玫瑰乳霜和一瓶「免疫強身寶滴劑」的塑膠盥洗包，然後走過金屬偵測器，重新再把東西收好，登上飛往墨西哥市的飛機。

我們在跑道上等了大概一小時，〈捕蝦船〉（Shrimp Boats）這首歌在我的腦海裡反覆播放。我開始問自己，為什麼剛剛在櫃檯報到時我要發那麼大脾氣？為什麼我堅持要那個女孩幫我處理登機證？為什麼我不能自己把那些事搞定？都已經二十一世紀了，很多事情早就跟以前不一樣。我們即將起飛，我的安全帶沒繫空服員來糾正，我忘了用外套遮起安全帶。我討厭被綁，尤其這樣做只為了自己好。

我飛抵墨西哥市，搭車到我那個區。我在旅館登記入住，房間在三樓可以俯瞰小公園。房裡的浴室有面大窗戶，我從那裡往下看，同時被我看到的人也抬起頭看我。已經過了午餐時間，我想吃點兒墨西哥菜，但是旅館的菜單幾乎都是日本食物，這把我給搞糊塗了，也讓我對這裡產生了微妙的情感：我可以在一家提供壽司為主的墨西哥旅館裡讀村上春樹。我最後點了包蝦肉的墨西哥玉米捲餅，上面淋了山葵醬，加一小杯龍舌蘭。吃飽後我信步到外面逛逛，發現自己就在韋拉克魯斯大街上，不禁燃起了這裡會有好喝咖啡的希望。逛著逛著我經過一面窗，裡面有許多戴著膚色塑膠套的手，我想我一定走對了地方，只是氣氛頗怪，有點像星期天報紙上刊登的漫畫「魔術師曼德雷克」（Mandrake the Magician）裡面的景象。

天色漸漸近黃昏，我上上下下走過蔭蔽的街道，行經一排又一排做玉米捲餅的餐車和販賣摔角雜誌、鮮花和樂透彩券的報攤。走累了就在韋拉克魯斯街對面的公園裡歇腳，有隻中等大小的黃色雜種狗不跟著主人，居然往我身上跳。我幾乎被牠深棕色的眼珠打動，主人很快就把牠往回拉，牠還頑抗著要留在看得到我的地方。要對隻動物產生情感真是太容易了，我心想。我突然覺得很累，畢竟早上五點鐘我就醒到現在。回到房間，看到床鋪在我離開時已經被整過，衣服摺好，髒襪子泡到水槽。我外衣都沒脫，噗通就倒上床，腦海裡浮現那隻黃毛狗，不曉得有沒有機會再相見。我閉上眼慢慢失去意識，突然透過擴音器傳來失真的人聲把我吵醒，殘缺不全的字句飄來停在我的窗台上，好像迷途的鴿子。時間已經過夜半，這個時候用擴音器發布什麼事都有點怪。

隔天我起得晚，美國大使館之前就邀請我過去，所以我抓緊時間梳洗。到了那裡喝了不冷不熱的咖啡，做了個還算成功的文化座談。讓我驚訝的是大使館實習生在我搭車離開前一刻告訴我的事，他說昨天晚上有兩位記者、一位攝影師和一個小孩在韋拉克魯斯街被殺害。其中一個女人和那小孩遭勒死，其餘兩個男的都被開腸剖肚。攝影師被人丟進淺墓坑的倉皇景象閃過我眼前，想像他在黑暗中坐起身，發現床單已成了草皮。

我餓了。找到一家「波西米亞小館」吃了像模像樣的墨西哥鄉村蛋餅餐，大碗油漬漬的玉米粉圓餅薯條、煎蛋和綠色辣醬，不管怎麼樣我全吃掉了。咖啡是溫的，還帶著一股巧克力味。我把少數會講的西班牙字都想遍了，勉強湊了句 más caliente，要再熱一點。年輕的服務生聽了咧嘴而笑，幫我另外煮了一杯完美的熱咖啡。

傍晚我坐在公園裡，喝著從街上攤販買來用圓錐型紙杯裝的西瓜汁。路上每個笑著的孩子都讓我想起那個被殺的小孩，每隻吠叫的狗在我眼裡都是黃毛狗。回到旅館，我仍能聽到街上的動靜。我對著窗台上的幾隻鳥唱起一些小曲，為韋拉克魯斯街上被殺的記者和攝影師、為那女人和小孩唱著。我為那些被丟在壕溝裡、掩埋場裡、廢棄堆裡任其腐爛的人們而唱，就像波拉紐的故事裡那些他所寫的人們。月光有如天然的聚光燈，照在底下公園裡人們的臉龐。他們的笑聲隨風揚起，在這個短暫的時刻裡，沒有悲哀，沒有苦痛，只有和諧一片的景象。

《發條鳥年代記》就放在床邊，但我沒有翻開看，反而想著接下來要去科約阿坎拍的照片。睡著了以後我夢見自己協調性高、反應迅速，醒過來時突然發現自己無法動彈。我的腸子翻攪欲爆，吐得整張床都是，然後迸發劇烈的偏頭痛。因為爬不起來，我只好平躺著。朦朧中摸到我的眼鏡，慶幸著沒有壓到或摔壞它。

早上晨光一照進來，我就抓起電話告訴旅館前台我病得很嚴重，需要人幫忙。有位女佣進來我房間，打電話去求醫。她幫我寬衣洗澡，擦乾淨浴室，把床單換新。我對這位女士的感激之情一時之間洶湧澎湃。她邊哼著曲子邊漂洗我弄髒了的衣物，之後還把它們掛到窗台上方晾。我的頭痛持續如重擊，我握住她的手，當她微笑的臉湊近我上方，突然頭一暈我便陷入沉沉的睡眠。

我睜開眼睛，以為看到那位女傭坐在床邊的椅子上，爆出一陣歇斯底里的狂笑聲，手上揮著幾頁我塞在枕頭下的草稿。我說什麼她都不理，她讀的不但是我的草稿，還是用西班牙語寫成，筆跡像我的，但我卻看不懂。我試著回想之前到底寫了些什麼，想不出來她到底讀到什麼會變得這麼亢奮。

——媽的，有什麼好笑？我問她，雖然我也不由得想跟著笑，她笑得極有感染力。

——是一首詩，她回答我，一首完全沒有詩意的詩。

我嚇了一跳。這是好還是不好？她讓那些紙張滑落地板上。我起身跟著她走到窗邊，她拉起一條細細的繩索綁束一口網袋，裡面有隻鴿子正在掙扎著。

——晚餐！她得意地大聲說，抓起袋子甩到肩膀上。

她走向門口，樣子愈來愈小，最後從衣服裡溜出來，變成個小孩一般大。我跑到窗口去，只見她跑過韋拉克魯斯大街。我站在原地，動也不能動。空氣好得不能再好，像摯愛的母親泌出的純淨乳汁，餵哺她所有子女的乳汁——那些在華雷斯、哈林區、貝爾法斯特、孟加拉的孩子們。我還能聽到那女傭的笑聲，活潑輕快的小聲響有如縷縷透明的輕煙，也像是從另一個世界許下的願望。

到了早上，我估量著自己的情況，最糟的似乎已經過去，但還覺得虛弱，極度口渴，頭痛似乎轉移到腦殼底。來接我去「藍房子」的車抵達樓下時，我只希望頭痛可以稍緩好讓我把該做的事順利做完。當「藍房子」主任迎接我的那一刻，我想著那個年輕的自己，站在藍色大門前而那扇門緊緊關上。

「藍房子」現在已經成了博物館，兩位偉大藝術家活生生的氣息仍然保留在原地。他們準備得很周到，芙烈達．卡蘿的衣服和皮革馬甲都攤開來放在白色薄紗上面。她的藥瓶都擺桌上，拐杖倚牆擺放。我忽然覺得重心不穩犯噁心，勉強還是打起精神拍了一些照片。我在光線不足的情況下迅速拍，把沒撕開的拍立得相紙塞進口袋。

他們帶我到芙烈達的臥房，枕頭上方還裝置一些蝴蝶標本讓她躺在床上的時候可以觀賞。這些蝴蝶是雕塑家野口勇送的禮物，好讓她在沒了腿之後有一點美麗的東西可以看。我為那張供她躺著並承受苦痛的床拍攝了一張。

我的身體不適終究瞞不住。主任給我倒了一杯水，我就坐在花園裡把頭埋進雙手，一直覺得自己快昏倒。她跟同事商量之後堅持我先到迪亞哥的臥室裡休息。我想推辭她們的好意，但連話都講不出來。那是張簡樸的木床，上面鋪著白色的床罩，我把照相機和一小疊拍好的照片擺在地板上，兩個女人在通往房間的入口繫上一條長長的粗帆布。我探過身去把相片拿起來撕開，但根本沒力氣看拍得怎麼樣。躺在那裡時我想著芙烈達，感覺到她近在咫尺，感覺她以革命性的狂熱適應了苦痛。她和迪亞哥是我十六歲時的祕密指引，當時我把頭髮編得像芙烈達，戴了一頂像迪亞哥那樣的草帽，如今我親手摸過她的衣服，人就躺在迪亞哥的床上。有個女人走進來，為我蓋了件披肩，那間房原本就很暗，感謝上蒼我就這樣沉沉入睡。

主任表情關切地輕輕叫醒我。

——聽演講的人很快就會來了。

——別擔心，我說，我現在好多了。不過我需要一張椅子。

我從床上坐起來，穿上靴子，把照片收好，照片裡是芙烈達的拐杖、床，還有那已經不在了的樓梯井的外型輪廓，照片裡似乎也散發著病懨懨的氣息。那天傍晚我坐在花園裡，面對將近兩百個來賓，我要說的話幾乎說不出來，但是最後我居然還唱歌給他們聽，就像之前唱給窗台上的鳥群聽。那是一首我躺在迪亞哥床上所想出來的歌，是關於野口送給芙烈達的蝴蝶。我看到淚水從主任和先前細心照料我的女人們臉上滑落，但如今我已經想不起那些臉的模樣。

那天深夜裡，我的旅館對面公園開了一場派對。頭痛已經全好，我正在打包行李，往窗外一望，一棵棵樹都裝點了耶誕節小彩燈，儘管那時才五月七日。我下樓走到酒吧，喝了杯非常衝的龍舌蘭。酒吧裡沒有人，因為大家都到公園去了。我坐了很長的時間，酒保把我的杯子再斟滿。龍舌蘭酒很淡，味道像花草汁。我閉上眼，看見一列綠色火車寫著M字正在繞圈跑，那綠色就像是獵捕時的螳螂背上綻放的綠光。

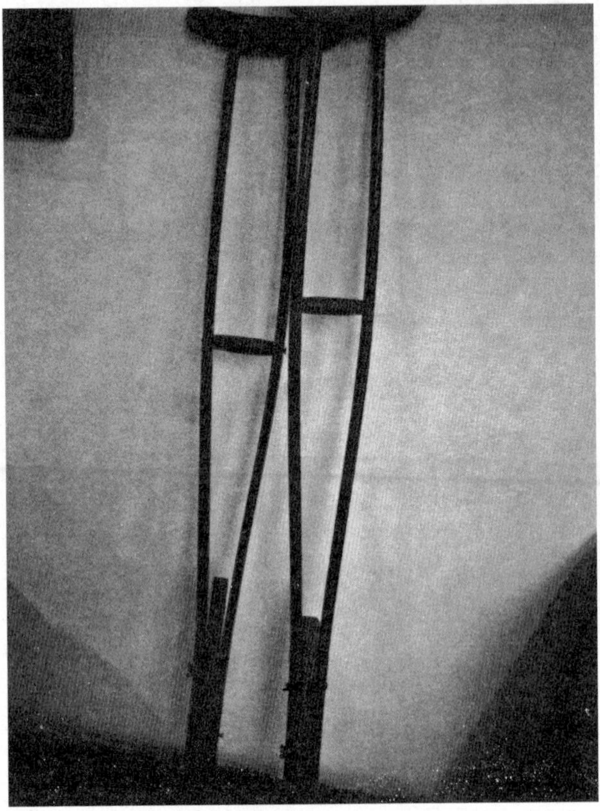

芙烈達．卡蘿的拐杖，攝於「藍房子」。

芙烈達·卡蘿的衣服，攝於「藍房子」。

紐約西四街地鐵站。

・我如何失去了發條鳥・

我收到查克的訊息，他的濱海咖啡館開了。我終生的免費咖啡來了，我為他高興，但不想出門，因為這是陣亡將士紀念日的周末，整個城市為之一空，是我最愛的時候，何況周日影集《殺戮》正要播。所以我打算星期一再去查克的咖啡館，周末就留在城裡，陪陪探員林登和侯德。這一陣子我房間正亂，我自己蓬頭垢面更勝以往，正好跟這兩個狼狽無聲的警探作伴。他們老在寒風刺骨的跟監中苦守，在彈痕累累的汽車裡喝冷咖啡，反正車外更冷。我到韓國館子用保溫杯裝了食物回家，放在床邊準備晚點吃，再挑本書帶在身上，往貝德佛街去。

「伊諾咖啡館」裡空空蕩蕩，我開心地坐下來讀羅伯・穆席爾（Robert Musil）的《少年托勒斯的困惑》（The Confusion of Young Torless）。小說第一行就耐人尋味：開往俄羅斯的長途鐵路上有個小火車站。一個普通的句子就能這麼有力量，把讀者不知不覺帶往沒完沒了的小麥田野，奔向兇暴掠奪者的巢穴，目睹一個無辜男孩遭毒害。

整個下午我就讀書，完全沒做其他事。廚師邊烤著大蒜邊用西班牙語歌唱。

——你唱的這首歌在講甚麼？

——死亡，他笑著說。不過別擔心，沒有人死，死的是愛情。

＊＊＊

陣亡將士紀念日這天我一早就起，把房間整乾淨，把需要的東西裝進袋子——墨鏡，鹼性水，一塊麥麩鬆餅和我的《發條鳥年代記》。從西四街車站我搭上到廣渠站（Broad Channel）的列車，在那邊轉車；整個車程五十五分。查克的店就在皇后區，沿著洛克威海灘步道棧板，是那片孤零零的商店區裡唯一的咖啡館。查克看到我很高興，把我介紹給在場所有人，然後就像他承諾的一樣，讓我喝免費咖啡。我站著喝那杯黑咖啡，端詳著周遭的人群。都是些正在休息的衝浪客和來自勞動階層的家庭，混合出一種友好氣氛，一派輕鬆。我還意外地看到我的朋友克勞斯騎著腳踏車向我而來，他穿著襯衫還打領帶。

——我才去柏林看我爸爸，他說，剛從機場過來。

——對哦，甘迺迪機場離這裡非常近，我笑說，看著一架低飛的飛機正降落。

我們坐到長椅上，看著小孩們在波浪間戲水。

——主要的衝浪海灘就在堤防旁邊往下走五個小路段。

——你好像對這裡很熟悉嘛。

克勞斯忽然嚴肅了起來。

——你一定不會相信，我剛買下這裡的一幢維多利亞式的老房，就在海灣邊上，有個很大的院子，我打算種出個大花園，以前在柏林或在曼哈頓我就想，但是沒辦法。

我們穿過木板路回店裡，克勞斯也要了咖啡。

——你認識查克嗎？

——這裡大家彼此都認識，他說。是個真正的社區。

我們互道珍重，我答應不久後要來看他的房子和花園。說真的我當下就喜歡上這地方，綿長無盡的木板路和俯瞰海景的紅磚建築。我脫下靴子沿著海邊走。我一直喜歡海只是不曾學會游泳。唯一泡在水裡的經驗是當年非我本意地突然接受浸信洗禮。十多年後，小兒痲痺症大肆傳染起來。我身體不好，連跟別的小孩去淺水湖或者池塘都不被允許，怕病毒透過水傳染。但家裡允許我去海邊，在水陸交界的地帶走走路，嬉鬧戲水。慢慢地我就產生一種自我保護的畏水心理，後來還演變成害怕泡浸在水裡。

弗雷德也不會游泳。他說印地安人都不會游泳，不過他很喜歡船。

我們花很多時間跑去看拖船、船屋和拖網捕蝦船。他特別喜歡老式的木船，有一回我們去密西根的薩吉諾旅遊，發現有一艘船正在求售：五〇年代末出廠的克里斯遊艇，但恐怕已經不能開出海。我們買得相當便宜，並將它拖運回家，停放在院子裡，朝著流向聖克萊爾湖的運河。我對乘船下水沒什麼興趣，但還是跟弗雷德一起拆掉船殼，把船艙擦洗乾淨，替木料部份上蠟磨光，給舷窗縫上窗簾。夏天晚上，我帶上保溫瓶裝的黑咖啡，再幫弗雷德提一手六罐的百威啤酒，兩人就坐在船艙裡，聽著老虎隊比賽的廣播。我對運動一無所知，但是弗雷德對他底特律球隊的死忠逼得我只好也搞清楚基本的規則，包括球隊的成員和我們的對手。弗雷德年輕時曾經被球探選進老虎隊二軍，擔任游擊手。他的手臂非常有力最後卻選擇只彈吉他，然而他對運動的愛好不曾稍減。

木船有一根船軸壞掉了，但當時沒辦法修。有人勸我們拆掉船報廢，我們沒那麼做。我們決定把船放在原地，佔據院子最好的位置，鄰居看了都不禁莞爾。我們還慎重地幫船取了名字，叫做諾華達，阿拉伯文代表稀有之物，這名字來自納瓦爾（Gerard de Nerval）詩集《開羅女人》（*The Women of Cairo*）中的段落。冬天的時候我們在船上蓋一塊厚重的帆布篷，到了棒球季，我們就把帆布移開在船上用短波收音機聽老虎隊比賽。如果比賽延遲了，我們就坐在那裡聽手提音響放的卡帶，聽些沒有歌詞的曲子，通常是約翰·柯川的專輯，像《歡呼》（Olé）或《鳥園現場演奏》（*Live at Birdland*）。有一回很不巧，比賽到一半下起雨來，球賽暫停，我們就開始聽貝多芬，弗雷德特別喜歡貝多芬。一開始聽鋼琴奏鳴曲，雨繼續下個不停，我們就聽貝多芬的《田園交響曲》，跟著偉大作曲家走上壯麗的鄉間散步，聽著維也納森林裡的群鳥歌吟。

棒球季快結束時弗雷德突然給了我一件底特律老虎隊橘藍色的制服夾克。當時是初秋，剛有一點涼意。有一天弗雷德在沙發上睡著，我披上夾克走到院子裡，撿了一顆之前從果樹上掉下來的梨，用袖子擦一擦，月光下我就坐在草坪木椅上，把新夾克拉鍊拉高，像個年輕運動員收到大學錄取通知時那樣心滿意足。咬了一口手上的梨，想像自己是個年輕投手，誰都還不認識我，卻一口氣連贏三十二場比賽，一舉解除芝加哥小熊隊多年無法得到冠軍的乾旱。比丹尼·麥克蘭還多一場勝賽。

深秋初冬一個風和日暖的下午，天空轉成一種異於尋常的黃綠。我打開陽台上的窗想看個清楚，那是過去沒看過的景象。一開始靜默無聲，之後傳來震耳欲聾的聲響，閃電擊中了院子裡的大垂柳，它倒下。這是聖克萊爾岸邊最古老的一株柳樹，垂枝所及由運河邊緣一直延伸街對面。它一倒下來，巨大的重量便壓垮了我們的諾華達。弗雷德當時站在紗門邊，我站在窗口，同時目睹這件事發生，心意相通感受一致。

我把靴子拎在手上走，讚嘆著一望無際的木板步道，這條由綿延不斷的柚

弗雷德，「諾華達」（Nawader）船上。

柳樹，聖克萊爾湖岸。

木拼接而起的路。查克這時突然出現，手裡拿著大杯外帶咖啡。我們站在步道望著海，太陽正要西下，天空漸漸變色為淡玫瑰。

——下回見了，我說。也許要不了多久。

——沒錯，這個地方討人喜歡。

我看著那些衝浪客，他們穿梭在海跟高架火車之間的街道。回車站的路上我看上一塊四周由飽經風霜的高牆圈起來的地產。那地方很像我跟弟弟小時候蓋的阿拉莫式要塞城堡，殘存的防風圍籬撐起木頭柵欄，還有一面用白線繩繫著的招牌，招牌上手寫著屋主自售的字樣。圍籬太高，我看不到後面的樣子，便踮起腳尖從一個破板條缺口往裡頭看，就好像當年美術館給觀眾在牆上弄了一個洞，好讓他們從那裡窺視《給予》（*Etant Donnés*）——馬塞爾·杜象最後一件作品。

那塊地大概二十五呎寬，縱深不超過一百呎，就是二十世紀初期附近興建遊樂園時分配給工人住的標準格局。有些當時蓋來住人的房子，不過現在也所剩無幾。我找到另外一處圍籬上的破洞，想把裡面看得更清楚。小小的院子長滿了雜草，散佈著生鏽的瓦礫殘骸、堆疊的輪胎，還有一輛拖車上頭載著艘釣魚小船，它幾乎擋住了後面的小屋。回程火車上我想讀點書，卻無法集中注意力，滿腦子都是洛克威海灘。

＊＊＊

幾天之後我上街漫無目的晃著，不知不覺走到唐人街。因為一路都在做白日夢，行經一家店的櫥窗時，看到裡面晾掛著一整排燒鴨嚇一跳。我極需喝杯咖啡，便走進一家小咖啡館，找個位置坐下來。很不幸，這家叫做「銀月咖啡」的根本不算什麼咖啡館，可是既然走進去，也不能就拍拍屁股走人。店裡木頭桌和地板剛用茶水揩過，空氣中殘留著淡淡的茶水味，牆上有個缺時針的鐘，還有一幅褪色的太空人照片，裝裱在嬰兒藍的塑膠框裡。桌上沒有菜單，只有一張薄薄的卡片，展示四碟看起來樣子差不多的蒸糕，糕的正中央都有個紅藍或銀色小方塊，像褪色的封蠟圖印。至於裡面到底包些什麼，我沒能看出來。

我當然很失望，我迫切需要的是咖啡，卻不好意思起身走。烏龍茶的味道像小說歐茲國裡的罌粟花田，令人昏昏欲睡。有個老婦人戳了戳我的肩，於是我脫口說：給我套餐。她用中文嘟囔了幾個字就離開。有隻小狗乖乖坐在桌子底下盯著一個玩悠悠球的年長者，那人反覆地用球去逗狗，那隻狗只是把頭轉開。我盡量不要看著悠悠球，卻不自覺順著那根軸線忽上忽下左來右往。

後來我大概打盹睡著了，一睜開眼，桌上已經擺了烏龍茶和一個細竹盤裝的三塊蒸糕。中間那塊蒸糕上是淡藍色方印，我不知道那意味著什麼，決定最後吃這一塊。旁邊那兩塊包著好吃的菜，中間那塊的內餡最後倒讓我驚喜——是精緻的紅豆口味，入口風味久久不散。我付帳走出門後，老婦人立刻把「營業中」牌子翻到反面，儘管店裡面還有客人、狗和悠悠球。我深信下次再逛到這區，一定再也找不到銀月在哪裡。

我還是需要咖啡，所以先繞到「亞特拉斯咖啡館」，然後再走到對面的運河街搭地鐵。我從機器裡買了地鐵卡，心裡想著這張卡到頭來一定會搞不見。我比較喜歡代幣，只是那個時代已經過去。等了大概有十分鐘，我搭上前往洛克威的快車，這一刻我心情倒是很奇怪地雀躍起來，腦子快速動著，速度快到光靠語言無法表達。車廂裡人不多，這是好事，因為我打算這一路上要花時間仔細想。車都還沒到廣渠站，還有兩站才到洛克威海灘，我已經知道接下來要怎麼樣。

我踮著腳尖站在圍籬前，透過板塊裂縫往裡看。種種模糊的回憶紛至沓來。空著的建地、擦破皮的雙膝、火車停放場、神秘的遊民區、難以靠近卻妙趣無窮的神奇堆放場，這裡正是天使的所在地。不久前我才被一本書上描寫的荒廢之地深深吸引，但眼前這裡可是塊真實之地。那塊屋主自售的牌子像在閃閃發光，就像荒野之狼在那個獨自散步的夜裡遇上的電燈招牌：神奇劇場。不是人人都能進入，只限狂人！不知道為什麼，這兩面招牌對我來說是一個樣。我把屋主電話號碼抄在小紙片上，然後經過步道去查克的店要了一大杯黑咖啡。我久久地坐在木板步道旁的長椅上，慢慢看著海。

這個地區完全擄獲我，簡直像在我身上下了魔咒，那力量甚至可以追溯到我已經不復記憶之處。我想起書中那隻神秘的發條鳥，是你把我帶到這裡來的嗎？我不禁這麼想。就在海邊，雖然我不會游泳；就在火車站附近，剛好我不會開車。這裡的木板步道讓我想起年輕時在南澤西的幾處步道——威德伍德、大西洋城、海洋城——跟這裡相比也許更熱鬧，但卻不及這裡優美。這似乎是個理想的地方，沒有告示牌，沒有怪里怪氣的廣告。還有那棟隱密的小屋！它很快就把我迷住。我想像著這棟小屋改造後的模樣，想著在裡面沉思、煮義大利麵、泡咖啡，當然還有寫東西。

回到家，我看著紙片上的電話號碼，卻沒有鼓起勇氣打。我把號碼放在床頭櫃上的小型電視機前，當作護身符。最後我打給朋友克勞斯，請他幫我打這個電話。我這麼做可能是怕發現那棟小屋並沒有要賣，或者早已售出。

——好辦，他說。我來跟屋主談，把相關的細節找出來給你。如果將來能夠做鄰居，那就太好了。我的房子已經在裝修，距離這棟只有十個路段。

克勞斯想要有一座花園，也找到實現夢想的地方。我相信我一直也夢想著一個這樣的地方，只是自己都不知道。發條鳥喚醒了一個古老但卻反復出現的欲望——一個跟我的咖啡館夢同樣古老的夢想——想在海邊找到個屬於我的荒廢花園。

幾天之後，屋主的媳婦，一位善良的年輕女性，帶著兩個小男孩跟我在那排圍籬前碰面。我們還沒辦法進到門裡去，因為屋主把它上了鎖。克勞斯幫我查出所有需要知道的訊息。屋況不是很好，還有一些稅務抵押權的問題，銀行可能不太願意貸款，所以買方被迫必須付現。其他還有一些人想買，但是期待買得便宜，所以出價都很低。我們討論了一個合理的金額，我告訴她我需要三個月湊足錢，經過幾番討論，大家都同意了。

——接下來整個夏天我都在工作。等我九月回來，這筆錢就有了。我們得要相互信賴，我說。

我們握手，成交。她把屋主自售的牌子移開，揮手跟我再見。雖然還沒辦法看到屋子裡的狀況，我卻毫不懷疑自己的決定正確。將來如果發現裡面有什麼好東西我就保留，不好的，我就重新改。

——我已經愛上你了，我跟這棟房子說。

平房，洛克威海灘（Rockaway Beach）。

坐在角落咖啡桌，我想著濱海那棟平房。按計算不到勞動節我就能湊夠錢買下那屋子。我已經把工作排得滿滿，從六月中到八月只要有事可以做我都來者不拒。我把行程排滿，答應各種不同的朗讀、表演、演唱和演講。我把書稿歸檔放入文件夾，把成疊的餐巾紙塗鴉裝進大塑膠袋，再用亞麻布把相機包起來，然後全部鎖上。我用金屬小旅行箱打包，先飛到倫敦住一晚，請人把食物送進房開始收看偵探影集。接下來馬不停蹄先去布萊頓、里茲、格拉斯哥，愛丁堡、阿姆斯特丹、維也納、柏林、洛桑、巴塞隆納、布魯塞爾、畢爾包還有波隆納。結束後我飛到古騰堡，開始北歐地區的小型樂團巡迴演出。我高高興興地投入工作，小心估算著不要在熱浪襲人的天氣裡耗盡體力。旅行期間，到了晚上如果睡不著，我就起來寫《半圓飾》（*Astragal*）的導讀，這是本關於威廉．布雷克的專書，也談及我對伊夫．克萊恩（Yves Klein）和法蘭西絲卡．伍德曼（Francesca Woodman）的個人想法。每隔一段時間我還會回頭寫那首獻給波拉紐的詩，那段時間我還困在第九十六行到一百零四行之間。我似乎頗好此道，老是平白地把時間都投入某件事，有沒有結果都不重要。要是我把這些時間用來組裝縮尺模型飛機、貼貼小圖案或塗模型漆，一切不是簡單多了。

九月初我終於回家，疲累但心滿意足。我把設定好的任務完成，整段期間只掉了一副眼鏡。最後還有一場要到墨西哥蒙特雷的活動，然後我就可以休個期待已久的假。我答應墨西哥要去參加一個女人支援女人的論壇，擔任發言群中的一個。這些認真的運動人士真的非常努力，我常常不太懂她們在做什麼。在她們面前我覺得自己遠遠不及，不曉得能幫上什麼忙。只好讀讀詩篇唱點歌，再講些話逗她們笑。

早上，我們其中幾個人通過兩個警方檢查哨到浩斯特卡（La Huasteca）一個陡峭山崖的底部被管制線圍起來的山谷。那地方美得令人驚心動魄，但也確實危險，我們置身其中讚嘆不已。我對著白雪覆蓋的峰頂祈禱，注意到二十呎外有道小小矩形的光。那是塊白色石頭，事實上應該說它是塊石板，色澤像書寫紙，好像等在那邊看誰會把十誡之外的第十一誡刻在它磨平的表面上。我走過去毫不猶豫地撿起，放進外套口袋，就好像誰派我去一樣。

我想把這座山的力量帶到我的小屋去。我對這塊石頭當下就有了好感，沿途就一直把手插在口袋裡摸著它，像本石材祈禱書。稍後到機場，海關檢查員沒收了它，我才意識到我並沒有問過那座山可不可以拿走這塊石頭。狂妄失敬，我難過地想，不折不扣的狂妄失敬。檢查員堅定地跟我解釋這可以當作武器來運用。我跟他說這是塊聖石，求他千萬不要丟掉，他不為所動照丟不誤。這下子我內心深感不安，我拿走一個大自然生成的美麗物體，把它帶離開原來的棲息地，最後害它被丟到安檢站垃圾堆裡。

我在休士頓轉機時，去了一趟洗手間，隨身還帶著《發條鳥年代記》跟一本居家雜誌，馬桶右邊有個不鏽鋼的台子，我把書和雜誌往上面一放，心想這真是個體貼的設計，但是等我坐上了接駁班機，我發現手上的書都不在了。我覺得很難過，這本平裝本上面密密麻麻畫滿標註記號，還沾上了咖啡漬和橄欖油，一路上已經成了我的旅伴，也是幫助我重新得到力量的吉祥物。

先是那顆石頭，現在是這本書：這到底意味著什麼呢？我把那塊石頭從山上帶下來然後被拿回，算是道德上還了債，這點我完全懂。但是掉書就不太一樣，有點難以捉摸。我等於無意間把自己跟村上那口井、那塊廢棄地還有那隻石像鳥的聯繫繩子放開了，也許是因為我找到了自己的地方，所以宮脇的家就離去，回到跟村上相連的世界。發條鳥的任務已然完成。

九月將盡，溫度已降。我走在第六大道上，停下來跟街邊小販買了一頂新的針織帽。正要把帽子戴上時，一位老人走向我，他的藍色眼睛閃著怒火，頭髮像雪一樣白。我注意到他的羊毛手套都破損散開，同時左手還纏著繃帶。

——把你口袋裡的錢通通給我，他說。

我心想，這大概是有人想測試我，不然就是我無意中走進現代童話故事的開頭了。我有一張二十元鈔票跟三塊錢零頭，我一起放到他手中。

——好，過了一下他才說，然後把二十元還給我。

我跟他說聲謝謝繼續往前走，心情比之前還輕鬆。

街上的人行色匆匆，像耶誕節前夕做最後採購的群眾。我剛開始也沒發現，但這種人群越來越多。有年輕女人手抱一堆花從我身邊過，濃烈的香水味久久不散，好不容易散去，取而代之卻是一陣暈眩。周遭每一樣東西都清晰起來：跳動的心臟、亂風中傳來的歌聲帶著種味道、還有朝著家的方向前進的人潮。

少了三塊錢，富了世間的情懷。

種種跡象都是好的。成交的日期是十月四日。我的房地產律師一直想勸我不要買，他認為房子現在搖搖欲墜的狀態，不利將來。如果想要轉手再出售，價錢也很難高抬。他就是不能理解這些缺點對我來說都是正面的。幾天以後，我把湊到的金額付上，拿到荒地上這棟無法居住之屋的鑰匙和契約書，這棟出門右手不遠處是火車站左邊便是海洋的小屋。

心的轉變能量令人讚嘆，不管當初是什麼促使它發生。我熱了些豆子迅速地吃掉，步行到西四街車站，然後搭車到洛克威海灘。我想到了我弟弟，小時候下雨天的早上，我們花幾個小時組裝林肯原木模型玩具堡壘跟小屋。那段時間我們每個禮拜守著電視看迪士尼影集《費斯派克》（*Fess Parker*），故事就是演我們熱愛的大衛・克拉基特。確定你做對了，然後就勇敢向前。這是他所奉行的座右銘，很快也變成我們的。他是個不折不扣的好人，價值遠遠超過一座山的豆子。我們當時認同他，就像我現在認同林登探員一樣。

我在廣渠站下，轉搭接駁車。那天是十月中旬。我很喜歡從火車站走到安靜的街上那段短短的路程，每一步都距離海越來越近。這次我不必眼巴巴地從板條裂縫上偷看了，我第一次不必理那一面「請勿侵入」的警告牌，直接走進房子。裡面空蕩蕩，只有一把小孩用的吉他，弦都斷了，還有個黑色橡膠馬蹄。這麼空蕩最好，小小的房間、生鏽的水槽、拱頂的天花板透著百年陳舊氣息混合著發霉的怪味。我沒有辦法久待，因為霉菌和強烈的濕氣引得我直咳嗽，不過這也沒有澆熄我的熱情。我知道該怎麼辦：先整出個大房間、弄具天花板轉扇、開幾個天窗。一個鄉間都有的大水槽，再加一張書桌和書，之後弄個長沙發還有墨西哥磁磚地板。當然還有爐子。我坐在我那個斜了一邊的門廊上，心情像個小女生般，看著我院子裡隨處亂長適應力強的藥蒲公英。一陣風吹過來，我從裡面就能感受到海。我把房門鎖起來，關外面大門之際我看到一隻野貓鑽過開了口的板條進來。真抱歉今天我沒有牛奶，目前我只有滿心歡喜。站在飽經摧殘的障礙圍籬前，我的「阿拉莫」，我說著，從那一刻開始這房子就有了名字。

災後殘破的步道，洛克威海灘。

·她名叫珊蒂·

韓國餐館外賣起了南瓜，又到了萬聖節。我買了杯咖啡站在路上望著天，遠處有風暴正在形成，這種事我的骨頭能感覺到。天光灰暗泛著銀邊，我突然有個衝動想去洛克威幫那棟房子拍照。我正在收拾東西準備出門，我的朋友杰姆被天意送上門。他這個人總是不聲不響臨時出現，但每次見到他我都很高興。杰姆是個電影工作者，身上扛著他的十六厘米Bolex攝影機和腳架。

——我正在附近拍攝，他說。要不要去喝咖啡？

——我剛剛喝了，不過你跟我去洛克威海灘吧，你會看到我的房子和全美國最棒的木板步道。

杰姆準備好捨命陪君子，我抓了拍立得相機出發。我們跳上A線火車，一路上聊些有的沒的，把世界上的麻煩事都挖出來品評一番。我們在廣渠站換了車，從鐵路高架橋的金屬長樓梯走下，然後去我的房子。進這棟房子不需要另一個世界的入口，我的鑰匙隨時放在父親留給我的書桌抽屜裡，鑰匙圈是根老兔腿。

——你是我的，我低聲地說，然後把門打開。

裡面灰塵還是太多，沒辦法待很久，但我還是高興地把未來的裝修計劃大致描述一番，杰姆一邊聽一邊為這房子拍點影片，我自己也拍了照片，然後帶他走去海灘那邊。

海面上冷冷的天光正迅速消散。我沿著水邊走，幾隻海鷗就在一旁，牠們似乎一點也不怕人。杰姆架起三腳架，彎著腰拍起來。我拍了一張他，還拍了幾張空無一人的木板步道，然後坐在長椅上等杰姆收拾完工。回程走到一半，我發現我把照相機掉在海灘了，相片倒是都還在，因為一拍完我就塞進口袋。那不是我唯一一台相機，卻是我最喜歡的一台，它的折箱是藍色的，而且用起來一直很順手。我想著它孤零零地在海邊，沒有底片陪伴，沒辦法記錄下自己怎麼落到一個陌生人手上，心裡真不是滋味。

火車到了杰姆要下車那一站，我們互道珍重。暴風雨要來了，車門快關時他對我說。等我到西四街車站時，天色已黑。我經過Mamoun's停下腳步，買了份炸豆泥外帶。空氣凝重起來，我連呼吸都變淺。一到家我先倒一點乾糧給貓群，打開電視放著《CSI：邁阿密》，關小聲量，連外套也不脫，隨後沉沉睡去。

醒來時已經很晚了，心裡有點慌，我想擺脫這種心情。我跟自己說這只是暴風雨要來，心知肚明還有別的原因。每一年這種時候，同樣的季節雙重心情。對孩子們來說這是正要迎接歡欣的季節，但這也是弗雷德的離世時間。

我在「伊諾咖啡」裡坐立難安，點了豆子湯當午餐，咖啡端上來我只喝幾口，心裡想著把照相機留在海灘是不是壞兆頭。我想著要不要回頭去看看，雖然說沒什麼道理，但心裡卻希望照相機還在原地。這個機型早過時了，對大部分的人來說值不了多少錢。我決定去洛克威，然後很快再趕回來，免得坐在這裡觸景傷情想著弗雷德快過世的那段日子。我把東西都丟進袋子，半路在小吃店買了玉米鬆餅帶上火車。

情緒感染這種事真的很瘋狂。平常生意清淡的小吃店現在擠滿了人，大家都出來大肆採購，準備迎接暴風雨到來。之前幾個小時風暴似乎有放緩跡象，不久又說繼續增強，現在已經變成一級颶風，正朝著我們而來。我本來是個跟社會脫節慢好幾拍的人，突然間覺得自己好像也密切相關。官方正在發佈海岸線警報，大家一起在店裡聽著收銀櫃檯上方的短波收音機。飛機都停飛，地鐵也關閉，濱海地區的大疏散計劃已經啟動。今天去不成洛克威海灘，今天我哪裡都去不成。

回到家我開始檢查備糧是否充沛——貓食還有義大利麵，一些沙丁魚罐頭、花生醬和瓶裝水。電腦已經充飽電，蠟燭、火柴、幾隻手電筒和我與生俱來到頭來就是不免被挑戰的自以為是。天還沒黑，紐約的瓦斯和電力都已經切斷。沒有了燈光也沒有了暖氣，溫度急遽下降。我坐在床上跟我那三隻貓圍著一床鴨絨被，牠們都知道外頭不妙。就像那些伊拉克的鳥，今年春季第一天的震懾戰爭發動時牠們也都知道。聽說那時伊拉克的燕子和燕雀集體停止歌唱，沉默地預示了接踵而至的炸彈如雨下。

我打小就對暴風雨非常敏感，暴風雨要來我就可以感覺到，還可以從四肢的疼痛程度推估暴風雨的強度。記憶中最強的一次是哈賽爾颶風，那是一九五四年侵襲東海岸的超級暴風雨。那天晚上我爸爸上夜班，媽媽和弟弟妹妹一起縮在廚房桌子下，我犯偏頭痛，躺在沙發上。我媽媽被暴風雨嚇壞了，我在一旁卻很興奮，因為每當暴風雨真正來臨，我最初的不舒服會被一種高漲的興奮取代。但是哈塞爾颶風那一次很不同；空氣中蓄滿了能量，我不斷噁心想吐，還幾乎喘不過氣來。

巨大的滿月投映出奶白的光穿過我的天窗，像一串繩梯垂到我的中國地毯和拼布被子邊。一切都靜止，我靠著電池供電的燈，投射出一道白色的虹，虹光越過離床不到六呎的書架，照著上面的書，我可以看書。雨滴不斷敲打著天窗，我那每到十月底的戰戰兢兢感，就被這逐漸圓漲的月亮、海上形成中的風暴一點一點增強。

所有力量聚合，把那些回憶帶回來，歷歷在目。萬聖節，所有的聖人共同的節日，所有的聖靈共同的節日，也是弗雷德逝世的日子。

那個不幸的萬聖節早晨，我和弗雷德一起在救護車後面，車子急速駛過底特律，到達我們孩子出生的同一間醫院。午夜之後，我一個人回家，路上狂風暴雨。弗雷德不是在醫院生的，他出生在西維吉尼亞祖父母的家，那是個雷電交加的暴風雨日。當時紫色的天空裡閃電不斷，助產婆根本就來不了，他的祖父只好自己接生，在廚房裡將他引產出來。弗雷德深信當年如果他在醫院就生不出來了。他的印第安血統使得他總相信些讓人費解的事。

洪水高漲，風勢驚人，運河氾濫倒灌。兒子傑克森跟我在通往淹水地下室的門口堆起沙包，大雨肆虐過的街道上到處倒著金屬垃圾桶和扭曲的腳踏車。弗雷德當時正在跟死神搏鬥，我在狂嚎的風中感覺到他。從我們家的櫟樹上掉下來一根大樹枝，擋住車道，那是他給我的信號，我這個寡言少語的男人。

到了萬聖節，孩子們很快地適應惡劣氣候，在原來的衣服外加穿了雨衣，帶著一袋糖跑過雨打溼的黑糊糊街道。小女兒穿著裝扮好的造型睡覺，因為她認為這樣爸爸一回家就會看到。

我熄了燈火，坐著聽風強雨驟的聲響。暴風雨的能量引出了這些日子所有的回憶，一段黑暗的秋之旅。我感覺到弗雷德比以往跟我離得更近，感覺到他被拉離開的那種憤怒和悲傷。當時天窗漏得很厲害，那是一段淚流不止的日子。我從黑暗中站起來，把書移開，拿了一個桶子。月亮被遮住了，但我仍能感覺到它存在。又大又滿，吸引著潮汐，融合了巨大的自然力量，把原來的海岸線變成歪七扭八的模樣。

這個颶風名叫珊蒂。我知道她要來，卻沒辦法預測她有多厲害，不知道後面將會造成多大的破壞。暴風雨之後的那幾天，我走路去伊諾，心裡知道店門不會開，就跟城裡其它地區一樣。沒有瓦斯沒有電，所以沒有咖啡可賣，但我還是走到「伊諾」這個習慣能撫慰我，我不想連這個也被破壞。

萬聖節這一天，我想起來也是魏格納的生日。我想貢獻一點心力追思他，但其實我的心思都在洛克威。我一點一滴收到消息，木板步道都沒了、查克的咖啡店也毀了、火車軌道受損、到處肝腸寸斷。數以千計的電線泡水故障，什麼都無法運作。道路無限期關閉。沒水沒電沒瓦斯。十一月的強風繼續吹，幾百棟房子被燒毀，幾千棟房子全泡水。

我那棟小房子，是一百年前蓋起來的，平常被房仲業者冷嘲熱諷，各種檢查都遭挑毛病，還被保險公司拒絕，但它顯然挺過這一關。我的「阿拉莫」雖然嚴重受損，卻在二十一世紀第一個巨型暴風雨中倖存下來。

十一月中我飛去馬德里，想躲避珊蒂颶風過後生活上那種透不過氣。我去那邊看看朋友聽聽他們的問題。路上我帶著《竊賊日記》，這是惹內獻給西班牙的讚美。我搭乘巴士從馬德里到瓦倫西亞一路旅行，途經卡塔吉娜，下車在一家叫做璜尼塔的餐廳稍事休息，隔著寬闊的公路對面還有一間餐廳，店名也叫璜尼塔，兩家餐廳一模一樣隔著公路，看起來好像在照鏡子，對面那家還多了個小型裝卸貨平台，還有一輛柴油卡車停在後面的停車場。我坐在吧台，喝著溫咖啡，和一碗可能是世界上第一台微波爐所加熱的滷豆子。這時有個男人悄悄站到我面前，打開一個已經用舊的棕紅色皮夾，拿出一張寫著號碼46172的彩券。我並不覺得這個號碼會中獎，但是付了六歐元把它買下來，對一張彩券來說這個數字應該算貴了。然後男人在我旁邊坐下，點了一瓶啤酒和冷肉丸，用我給他的歐元付帳。我們就那樣並肩坐著沒有交談，突然他站起來，面對著我的臉看，對我露齒一笑，用西班牙語說祝你好運，我也對他微笑，祝他好運。

我當時確實想過那張彩券大概是廢紙，但是我不在乎。我是自願順著那個情境掏出錢，就像在崔文（B. Traven）的小說裡會有的角色，不管運氣好或壞，反正都按情節演出來。這回我演的是搭上前往卡塔吉娜的巴士，中途在休息站當個好騙的對象，簡簡單單就掏出鈔票買來路不明的彩券。我把這件事看成命運來碰了我一下，有個邋遢潦倒的人拿了我的錢就得以吃上一頓肉丸子加溫啤酒。他高興了，我也被這個世界觸動——不失為一筆好交易。

回頭上了巴士，就有乘客說這張彩券我買貴了。我跟他們說沒關係，萬一中了獎就把獎金捐給這一帶的狗。有獎金的話我都給這些狗，我加大聲量說著，要不然就給海鷗。最後我決定贏錢的話都送給鳥，不過一旁的乘客卻在討論狗要怎麼正確花這筆錢。

到了旅館，我聽見房間外的海鷗刺耳尖叫，其中還有兩隻對著我露台外的斜屋頂處猛啄。我想牠們是在交配，不曉得鳥類做這種行為該說成什麼，反正過了一段時間，就安靜了。可能牠們很滿足，也可能屢試不成已經造成死傷。到了晚上我被一隻惡毒的蚊子整得很慘，睡得非常晚，清晨五點我卻醒過來。我走到露台上，看看斜屋頂。清晨的薄霧迎面拂來，到處掉滿了海鷗羽毛，份量多到可以拼出個精細的頭飾。

早報上刊出了彩券的中獎號碼，無論是狗還是鳥都沒有份。

——你不覺得那張彩券買貴了嗎？吃早飯時有人問我。

我多倒了些黑咖啡，伸手去拿烤焦的麵包，然後浸到小碟橄欖油裡。

——心靈若平靜，花再多錢都不算貴，我這麼回答他。

我們成群上了巴士，一路開往瓦倫西亞。有些乘客是去參加罷工遊行，反對卡班牙（El Cabanyal）地區的拆除計劃。要被拆的是些屋瓦五顏六色的老房子，當年漁夫們搭建的簡陋棚屋，有些是跟我海邊那棟差不多的小屋。這些屋子結構很脆弱，拆掉就沒了，只能看著傷心，就像蝴蝶某一天也會都消失一樣。聽著他們的討論，我感受到那驕傲的憤怒之中混雜著某種無助。就像大衛與巨人哥利亞的對峙，只是現在是發生在瓦倫西亞。我又開始咳嗽，該是回家的時候。但是要回哪個家呢？我已經開始把「阿拉莫」當成家了，不過那地方還需要一段很長的時間才能住人。如今海岸線被摧殘，木板步道也被沖垮，本來雄偉的雲霄飛車正在海浪裡載浮載沉，像具鯨魚骨骸，比《白鯨記》裡面的墨比·迪克還悲慘。說起來這個雲霄飛車可是承載著好幾代愛冒險遊客刺激難忘的回憶呢。如今要看到這種光景重來，恐怕是不可能了。

想著那一長串漂浮在海上的東西我就輾轉難眠，一隻一隻數著羊希望能睡著。但我已經超越了所有的一切，連再普通不過、像睡眠這樣的東西也拋在腦後。睜開你的眼，有個聲音告訴我，把你自己搖醒不要再懶散了。過去時間就像同心圓移動，彼此是相關的，醒過來去大聲疾呼吧，就像當年巴士底街上的魚販一樣。我從床上坐起來，打開窗，迎面吹拂來甜美的微風。會怎麼樣呢，搞革命還是回頭睡？我把一面寫著拯救卡班的西語旗幟放在枕頭旁，蜷起身子，沉入自己的內心，想找最能慰藉我的答案。

＊＊＊

感恩節之前我回到了家，我得去面對洛克威那邊的變化。我搭克勞斯的車去參加一個地方上的聚會，他們在以發電機取暖的帳篷下開會，那些人是我未來的鄰居們：當地的家庭、衝浪客、當地的公務員、年輕氣盛的養蜂人。我沿著海灘走走，放眼一看盡是水泥柱的高壓電纜，一根一根連綿不斷。曾經是這些支撐著木頭步道。紐約城裡的羅馬人遺跡，巴拉德（J. G. Ballard）的小說曾把這般難以想像的畫面描繪出來。一隻老黑狗朝我走過來，我看牠停下來就拍拍牠的背，接著我們就站在一起面對大海，好像這是世界上最自然的事一般，迎面是一波又一波的潮來潮往。

這真是個完美的感恩節。氣候比平常和緩，克勞斯跟我一起走去看「阿拉莫」。鄰居們已經幫我把碎掉的窗戶用板子擋上，把破損的門加了鎖頭，還整個蓋上一面大幅美國國旗。

——為什麼要這麼做？

——怕有人來偷東西。用這表示房子是有人在保護的。

克勞斯有號碼鎖的密碼，他把門打開。裡面霉菌的味道實在太強烈，我幾乎要昏倒。牆上有道四呎高的淹水線，地板泡了好多天水已經爛掉。門廊也已經傾斜，院子只剩一小片荒草。

——你仍然屹立不搖，我深感驕傲地說。

掛了國旗的阿拉莫（Alamo）。

＊＊＊

我摸到暖暖顆粒狀的東西，原來是開羅在枕頭邊吐了。我坐起身完全清醒，試圖回想發生了什麼事情。我看看鐘，比平常早，還不到六點。噢，對了，是我的生日，我一直睡睡醒醒。

最後總算起床。我的一隻靴子裡被放了個給貓的怪形狀小玩具。我從鏡子裡看看自己，辮子最末端的頭髮像稻草，我動手剪掉，再把這幾束乾頭髮裝進咖啡色的信封保存，貨真價實的DNA證據。

每年的生日過法都一樣，我會先靜靜地感謝父母賜給我生命，然後下樓去餵貓。不敢相信一年又到了盡頭，感覺上才剛剛把那個銀色氣球刺破迎來新的一年。

門鈴響的時候我嚇一跳，克勞斯和他的朋友詹姆士站在門前，他們帶了花還開了車來，堅持要一起出海。

——生日快樂！跟我們去洛克威吧，他們說。

——我哪裡都不能去，我持相反意見。

不過生日的時候去海邊，這種邀請實在不可能推辭。我抓起外套和針織帽，坐上車去洛克威海灘。空氣冷得刺骨，不過我們還是在房子前面站了好一陣，跟它打個招呼。門被人家用釘子釘起來，國旗還好好的。一個鄰居叫住了我們。

——你要把它整個拆掉嗎？

——不會，別擔心，我會保住它。

我拍了照片，許下承諾很快會回來。但又心知這將會是個漫長的冬日等待，因為損壞的程度實在太嚴重。我們沿著克勞斯住的那條街上走，聚苯乙烯塑料材質的雪人和泡了水的沙發上掛著亮片金屬線。他那個大花園也被蹂躪得面目全非，只有幾棵適應力強的樹勉強活下來。我們從僅有的一家開著的小吃店買了撒糖霜甜甜圈和咖啡，然後他們就唱起生日快樂歌。回到車子裡，沿途所見都是些淹水的地下室拖出來堆積如山的泡水家電。看上去像是羅馬城最初的七座山丘：電冰箱、暖爐、洗碗機、床墊構成的山丘，堆得比人高，像個悼念二十世紀的巨型裝置藝術。

車子繼續開到微風角，那邊有兩百多間房子被燒成了平地。焦黑的樹。原來通往海濱的小路現在全被一些怪東西擋住，成堆奇怪的工業原料纖維、洋娃娃的斷手斷腳、碎裂的瓷器。這地方變得像被轟炸過的小德勒斯登，上演著戰爭的殘忍。不過這回沒戰爭也沒敵人，大自然不把地表上的這些放心上，只是派很多信使來宣達旨意。

生日這天剩下來時間我用來看貓王演的《燦爛星辰》（*Flaming Star*），想著某些人實在過世得太早，弗雷德、波拉克、柯川、陶德，我活得都比他們久。也許有一天我會老到把他們都看成小男孩。看完還不想睡，我便煮了咖啡，套上一件連帽夾克，到門廊上坐著。我認真想著六十六歲到底代表什麼。這個數字跟美國最早的那條公路號碼一樣，這條為人稱頌的公路之母，當年喬治・馬哈里斯化名為巴茲・莫達克，開著他的雪佛蘭車，從這條路橫越了這個國家。有時去鑽油井有時到拖網漁船上工作，沿途傷透眾多少女心，也解救不少混球。六十六，我心想，去他媽的。反正還能知覺到自己年表越來越長，也能感覺到雪季要來。我可以感受到天上有月亮，即使不是親眼看見。天光被厚厚的霧層遮起來，這個城裡永遠亮著的燈綻放光芒。當我還是個小女孩，夜空是張巨大的星座圖，銀河裡不可勝數的晶瑩塵埃一路灑落在祂漆黑浩瀚的無垠中，我總是在心裡熟練地把一層層的星圖展開來。

我發現身上的粗布工作褲膝蓋凸起處有線頭鬆脫。我還是那個我，我心想，所有的缺陷原封不動，一樣沒什麼肉的老膝蓋，如果要感謝，那就謝上帝。我顫抖著站了起來，該進屋裡了。電話響了，一個老朋友從很遠的地方打來，祝我生日快樂。說再見時，我意識到有個特別版本的我不見了，那個興奮狂熱不把神放在眼裡的我不見了。她就這樣飛走了，這點我很明白。上床睡覺前，我從塔羅牌裡抽出一張——劍的愛司——這代表內心的力量和堅忍。很好。我沒有把它插回牌堆裡，直接攤放在工作桌上，這樣當我早上醒過來，就會再看到。

·再見了舊外套·

一陣風吹動枝頭吹落了樹葉，落葉隨之旋舞在穿越雲層的明亮光線中，令人費解地閃爍。把一片一片樹葉當作母音，一字一字構成的低語就像交織的吐息。我把它們掃到空中，希望能夠找到我苦苦追求的密碼組合、眾神的語言。上帝自己會怎麼排列？祂的語言會是什麼？怎麼書寫祂才會覺得有樂趣？祂會把華茲華斯的詩句和孟德爾頌的樂章融合起來，然後用天賦去體驗感受嗎？布幕升起，開演人類的歌劇，在保留給君王們的包廂裡，與其說是包廂更像是個王位，安坐著全能的上帝。

追求純粹的蘇非派見習修士們迴旋衣擺、吟詠著「瑪斯那維」讚頌詩，迎接祂的到來。祂自己的兒子被刻畫成廣受世人喜愛的羔羊，然後又被描寫成威廉・布雷克《天真之歌》詩裡的牧人。普契尼透過《波西米亞人》獻給世界戲劇中這位貧困的哲學家柯林，當柯林迫於無奈只好典當僅有的大衣之際，唱出卑微的詠嘆調〈再見了舊外套〉（Vecchia Zimarra），對著他破爛但也是摯愛的大衣道出永別，一邊心想這件大衣從此就會步步高升到達虔敬的聖山峰頂，而他自己卻還是瞠乎其後奔波在艱苦的世間。全能的上帝閉上祂的雙眼，祂從人的井中飲水，消解了誰都無法領會的渴。

我曾有一件黑外套。幾年前，一位詩人在我五十七歲生日時送給了我。本來是他的衣服——他穿起來不太合身，那是件沒有內裡的川久保玲外套，我一直暗地裡很想要。我生日的那天早上他跟我說他沒有什麼禮物可以給我。

——我不需要什麼禮物，我說。

——但我還是想給你一點什麼，任何你想要的東西。

——那我想要你的黑外套，我說。

他聽了微微一笑，沒有絲毫猶豫就把外套給了我。每回我穿上這件外衣就覺得這樣很像我。飛蛾也很喜歡這件外套，衣料縫邊上有一些謎樣的小洞，但是我不介意。口袋的接縫處沒有用線縫密，我常常漫不經心把東西塞進這些別有洞天的孔穴，之後全都不見了。每天早晨我起床，穿上外套戴了針織帽，抓起筆和筆記本，然後就出發橫越第六大道到我的咖啡館去。我愛我的外套和那家咖啡館，也愛這每日必不可少的習慣，這是我孤獨存在最清晰也最簡單的表達方式。不過近來天氣嚴寒，我改穿另外一件比較暖和的外套，保護我不受寒風之苦。我的黑外套，比較適合春秋天穿，漸漸跌出我的意識地盤，就在這個相對短的時間裡，它竟然就不見了。

我的黑外套不見了，如同赫曼．赫塞《東方之旅》書中珍貴的聯盟戒指，轉眼就從那位犯錯的信徒手指上消失。我持續不斷地到處尋找，可是遍尋不着。只好盼望它會突然出現，就像灰塵微粒突然被一道光照見。那段時間裡，在我幼稚難過的心情中，我羞愧地想到了布魯諾．舒爾茨（Bruno Schulz），他當年曾被困在波蘭的猶太貧民區裡、偷偷把他留給人類最珍貴的東西託付給別人：《彌賽亞》（*The Messiah*）的手稿。但之後布魯諾．舒爾茨這部最後的作品卻被二次大戰這一股洪流給沖到不曉得哪裡去，留也留不住，從此消失。這些失去了的東西也曾經爪破封膜，試圖用難於辨識的求救信號吸引我們的注意。字句以無助的凌亂順序墜落而下，這些死去的事物發出了聲音，但我們已經忘記該怎麼傾聽。你曾經見過我的外套嗎？是黑色的款式沒什麼特別，袖子都磨損了，縫邊也破破爛爛。你曾經看到過我的外套嗎？正是這些死去的事物透過外套對我們發出聲音。

・

無

・

年輕的男人用藤蔓把一大捆的樹枝綁在背上，徒步走過雪地。因為背上沉重他彎著腰走，但是可以聽到他正在吹口哨。偶爾會有一根樹枝從整捆中滑落，我就把它撿起來。這些樹枝是完全透明的，我一一把它們填上顏色，添加上幾根刺。過了一會兒，我發現雪中根本沒有路。無所謂後退或前進，只有一片空白，間歇散落著幾處細微的小紅點。

我想把這些纖細的噴濺點標示出來，但是他們一直不斷地重新排列，等我張開眼，他們又全消散不見。我到處摸找選台器，找到後把電視打開。仔細避開回顧總整理或者新年展望之類的節目。馬拉松式播個不停的《法網遊龍》溫暖的聲響才是我要的。藍尼·布里斯寇探員明顯喝多了，他正盯著一杯廉價威士忌的杯底。我起身在小水杯裡倒了點龍舌蘭，坐回床邊跟他一起喝，神志不清安安靜靜地看這些重播又重播的內容。新年這一杯，誰也不敬。

我幻想黑外套這時候來拍拍我的肩膀。

——抱歉啦，老朋友，我說。我有努力找你。

我大聲喊可是沒人回應；交互往來的波長讓人完全沒辦法分清楚聲音出來的方向。喊出和聽到聲音之間就是這種情況，亞伯拉罕聽見上帝對他提出要求的聲音、簡愛聽到了羅卻斯特先生懇求她的哭喊。但是對我的外套來說，我是個聾子。最有可能的情況是我不小心把它掉在個石墩上，石頭下有輪子，滾著滾著就掉到失物之谷。

太愚蠢，為了件外套我這樣悲痛萬分，跟世界上更重要的事相比，這不過是件小東西。但這不只是為了外套，而是籠罩著一切的那種無可逃避的沉重，其中一個原因可以追溯到珊蒂颶風。我現在不能搭火車到洛克威海灘，拿杯咖啡走在木板步道上，火車不開，咖啡館和木板步道也沒了。不過六個月之前，我才像個十幾歲女孩那樣，真誠流露地在筆記本裡潦草寫下我愛木板步道。現在我迷戀的對象就這樣沒了，那份未經世事的單純情感，如今只剩下對逝去的事物棧戀感歎。

我下樓想餵貓，結果在二樓分心想到別的。我技巧地從文件夾裡拿出一張畫圖用紙，把它貼在牆上，伸手摸了摸紙的材質，這是從佛羅倫斯買回來的高級紙材，中間還有個浮水印天使。翻遍繪圖材料箱，找到一盒紅蠟筆，我試著把剛從夢境中溜進我意識裡的圖案複製出來，那看起來像個長型島嶼。我一邊畫貓就過來等在一旁，我才想起本來要下樓到廚房把食物倒出來，讓他們好好吃一餐，順便幫自己做份花生醬三明治。

之後回頭繼續畫，從另一個角度看，不再像座島嶼。我仔細看浮水印，比較像有翅膀的小天使，讓我想起幾十年前另一張畫。那時候我在一大張阿契斯水彩紙上模印了一行字樣：天使是我的浮水印。句子是從亨利．米勒《黑色春天》（*Black Spring*）裡摘出來的，接著我畫個天使，再把它塗掉，在下面手寫著——但是啊，亨利，天使可不是我的浮水印。我輕拍那張紙，回樓上，不曉得該拿自己怎麼辦。「伊諾咖啡館」因為放年假還沒開。我坐在床邊朝著那瓶龍舌蘭看一看，我應該把房間打掃一下，我心想，但是我知道我不會動手這麼幹。

太陽下山時我走到「預兆」，這是一家京都鄉村風味餐廳。我在那裡喝了一小碗紅顏色味增湯和免費送的加味清酒，並在餐廳中逗留了一會兒，盤算著明年該做什麼。重建「阿拉莫」，至少得等到春天後期；我得先等鄰居們先把自己家的修繕工作完成，才能輪到幫我的重建工程。夢想都要尊重真實生活，我對自己這麼說。一個不小心我把清酒灑到桌上，正想用衣袖去抹，忽然發現那幾滴酒詭異地形成拉長的島嶼狀，這就是個預兆。我突然生出能量想探究下去，便快快把帳付了，祝福在場所有人新年快樂，然後走回家。

我清好工作桌，把世界地圖集攤在面前，開始研究亞洲。接著打開電腦搜尋到東京的最佳航班，一邊查我還不時抬頭看看之前那張畫。我準備到日本獨自消磨一段時間，寫點東西，住進大倉飯店，這是家靠近東京美國大使館、帶有六〇年代風味的經典旅館。至於到那裡之後要做什麼，那就看著辦。

那天晚上我先寫封信給朋友艾斯，他是個謙虛又知識淵博的電影製片，監製過的電影包括《鼠怪內祖拉》（*Nezulla the rat monster*）和《垃圾食品》（*Janku Fudo*）。他英語不太好，但他的同伴兼口譯戴斯先生總是適切地幫忙，所以我跟他們對話暢行無阻。艾斯知道哪裡有最好的清酒和蕎麥麵，還知道所有日本已逝可敬的作家墓地在哪。

上回我去日本，他帶我去探訪三島由紀夫的墳墓。我們把墳上的落葉和灰塵掃乾淨，用木桶裝滿水淋在墓碑上，擺上新鮮的花束為作家上香，之後就靜靜地站在墓前。我想起京都那一汪環著金閣寺的池塘，一條紅色大錦鯉在水面下疾速向前，游到另外一條錦鯉旁，另外一條的樣子好像披了土色制服斗篷。兩位年長婦女穿著傳統服裝、帶著水桶跟掃把，朝我們這邊走來。看到有人已經把墓地整理乾淨，似乎有點驚喜，先對著艾斯講了幾句話然後鞠了躬，接著便離開。

——他們好像很高興我們整理了三島的墳，我說。

——恐怕不是這樣，艾斯笑著說。她們是三島妻子的朋友，三島妻子的遺骸也葬在這，事實上她們從頭到尾都沒有提過三島。

我望著她們倆人，就像兩尊手繪娃娃，越走越遠。我們要離開時，他們把那支稻草掃把給了我，就是用來掃《金閣寺》作者墓地的那一把。如今掃把就

金閣寺，京都。

在我房裡，靠著牆斜立，旁邊是根舊的捕蝶網。

我請戴斯替我把信轉給艾斯。恭賀新年！上回我們見面時是春天，現在我打算冬天去拜訪，其他交給你安排。然後我寫個短信給我的日本出版社和譯者，說我終於要接受他們很久之前提的邀請。最後寫信給我的朋友由紀。日本將近兩年前遭到強烈地震災害。後續的效應，至今仍揮之不去。我在那裡所知道的每一樣人事物都受影響。我人雖在遠方，但也出錢支持由紀她們做的扎根型賑災活動，幫助在災害中失去父母的孩童。我還答應她很快會到日本。

我希望把自己難耐的悲傷放一邊，去為別人做點什麼，如果可能，也為我的拍立得作品系列增加一些影像。我很高興要去別的地方，我的心需要被引導到一些新車站，需要去個曾經遭受更大風暴的地方。我從塔羅牌堆裡翻出一張，然後又翻開另一張，像在翻樹葉一樣隨性。找出你的真實處境。勇敢向前。我把三封信封口黏起來，用耶誕節剩的郵票貼上郵資，出門去的路上把信塞進郵筒。然後買回一盒義大利麵、綠洋蔥大蒜和鯷魚罐頭，幫自己做了一頓像樣的正餐。

「伊諾咖啡館」空蕩蕩。橘色遮棚的邊緣形成一些小冰錐垂滴向下。我坐在我的角落桌，吃著雜糧吐司沾橄欖油，打開卡繆的《第一個人》。這本書我以前讀過，當時雖然沉浸其中，事後卻什麼也不記得。這種事每隔一段時間就會發生在我身上，算是個持續了大半輩子的難解之謎。從青春期開始，我就常常在德國城的鐵道旁雜草樹叢堆裡坐上好幾個小時，讀著書。跟岡比一樣，我會全心全意地進入一本書，有時候實在陷得太深，甚至以為自己其實是住在故事裡。就這樣在那裡我看完了好多本書，把書闔起來的時候還狂喜不已，可是不等回到家，就把書中的內容忘個精光。這點讓我很困擾，可是我從沒跟別人講。這些封面我曾經都見過，內容對我卻成了解不開的謎。有些書我那麼喜歡，甚至靠它們度日，可是要我記住它們寫了什麼卻比登天難。

以《第一個人》這本書為例，也許打動我的主要是文字而不是情節，我為卡繆的描寫手法著迷。其他無論是行文或情節我倒都想不起來。本來我打算這次讀要很專注，但沒多久我又重讀起第一段的第二句，這一串字螺旋飛舞向東，還尾隨著一團堅實的雲層。我變得昏昏欲睡——像是被催眠了一樣睏，即使喝杯熱騰騰的黑咖啡也沒辦法抵擋。我坐起來，把注意力轉移到安排旅程，列一張要打包到東京的行李清單。這時「伊諾咖啡館」的經理傑森過來打招呼。

——你又要出遠門啦？他問。

——對，你怎麼知道？

——因為你又在列清單了，他笑著說。

我每次旅行列的清單其實都一樣，但我照樣每次一一寫下。蜜蜂襪、內衣、連帽T恤、六件印有Electric Lady Studio字樣的T恤、照相機、粗布工作褲、我的衣索匹亞十字架和陣痛軟膏。最難決定的是要穿哪件外套以及要帶哪些書。

那天晚上我夢見侯德警探。我們一起走著路過一個大型墳場，裡面埋著引擎、床墊、拆開的筆記型電腦這類東西——很另類的犯罪現場。他爬上家電產品堆成的山口頂，仔細檢查周圍地區。他那個招牌抽搐動作也出現，而且比他在影集《殺戮》中更煩躁不安。我們爬過一座廢棄的飛機棚，四周圍都是瓦礫殘骸，飛機棚外看出去是一條運河，河上有一艘我的拖船，船有十四呎那麼長，船身由木頭和鋁合金打造。後來我們坐在木頭裝箱上，看著遠處生鏽的駁船緩緩移動。夢裡我就知道那是場夢，天空顏色好像畫家特納（Turner）的油畫——銹色、金黃色澤和幾種明暗程度不同的紅。我幾乎可以猜出侯德心裡的想法，雖然我們只是一語不發坐在那。一會兒之後他站起來。

——我得走了，他說。

我點點頭。駁船越開越近，運河似乎也逐漸加寬。

——比例很奇怪，他嘀咕著。

——這就是我住的地方，我大聲說。

我聽見侯德正在講手機，聲音變得越來越模糊。

——有一些原來想不通的地方現在懂了，他這麼說。

接下來的幾天我繼續尋找黑外套，徒勞無功。倒是我在地下室找到一口大帆布袋，裝著以前在密西根的舊衣服——有幾件弗雷德的法蘭絨襯衫，但已發霉。我把這些衣服拿上樓，放進水槽洗。沖水的時候我居然想起凱薩琳·赫本。當年她在喬治·庫克改編的《小婦人》電影裡演喬·瑪琪，完全迷倒我。多年之後我在「史克萊柏納」書店（Scribner's）當店員，還替她找過書。她坐在讀書桌前仔細檢查每一本，那天她戴著史賓塞·屈賽晚期那頂皮帽，帽子還用綠色絲巾綁好固定。就在她一頁一頁翻著書時，我站到後面盯著她看，心裡納悶史賓塞如果還在世會不會喜歡她這樣打扮。當時我還太年輕，並不完全瞭解她的行為。接著我把弗雷德的襯衫晾起來。隨著時間更迭我們往往就變成了自己當年無法了解的那個樣。

我還沒決定好要帶哪幾本書，便回到地下室找出一整箱，上面標示著J——一九八三，我的日本文學年。我把書一本一本拿出來，有些密密麻麻寫滿了注釋；有些夾著小張圖案紙列著待辦事項——家裡要添購的物品、出遠門釣魚的打包清單、還有一張弗雷德簽了名的作廢支票。我還找到兒子從圖書館借來的《義經》扉頁處是他的塗鴉，順便翻讀了太宰治的《斜陽》開始那幾頁，本已脆弱的封面紙張上被貼了變形金剛。

最後我選了幾本太宰治和芥川龍之介。這兩位都曾經啟發我的寫作，在十四小時的飛行航程中應該能成為有意義的良伴。結果我在飛機上幾乎什麼書都沒看，我看了《怒海爭鋒》（*Master and Commander*）。傑克・歐布雷船長讓我想起弗雷德的往事，我看了兩遍。飛到一半我開始哭起來。你就回來吧，我心裡想。你已經出去夠久了，就回來吧。我可以不去旅行，我回家幫你洗衣服。所幸，我睡著了，等我醒過來雪已經飄落在東京上空。

一進入大倉飯店現代主義風格的大廳，我有種一舉一動都被人監看的怪異感，還覺得監看我的那些人正在歇斯底里笑。我決定順大家的意，使出脫線的「馬固先生」（Mr Magoo）漫畫搞笑那招讓他們一次笑個夠，登記入住時我就慢慢吞吞搞，之後又腳步沉重地順著頭頂上一整排的六角燈籠走向電梯口，上了我訂的貴賓安靜樓層。客房裝潢並不浪漫，但是溫暖舒適、考慮周到，還額外把氧氣打到客房。桌上擺著一疊需知單，不過都是日文字樣。我決定去探索一下旅館設施和裡面的餐廳。房間裡找不到咖啡，這真的很傷腦筋，沒有咖啡我的身體就失去時間感，我不知道現在是白天還是晚上。我搖搖晃晃地從一個樓層逛到另一層，〈愛情靈藥第九號〉的歌詞開始在我腦中反覆播放。最後我在一個有隔間的中式餐廳吃了點東西。我點了竹簍子裝盛的餃子，還喝了茉莉花茶。等我回到房間幾乎已經沒有力氣把毯子掀開，我看了一眼床頭櫃上的幾本書，伸手要去拿《人間失格》，最後依稀只記得手指碰到書脊就滑下來。

我跟著筆的動作，伸進一罐墨水裡，沾了墨然後劃過眼前的紙。在夢裡，我的精神很集中，畫得又快又好，一頁畫過一頁，但這裡不是旅館房間，而是位於另外一個區域租來的小房子。房裡有塊雕刻的牌匾，一旁的推門拉開是個大衣櫥，裡面有一張捲起來的睡墊。雖然寫著日文字，但我大概譯出意思：敬請保持肅靜。這是知名作家芥川龍之介的故居。我跪下來檢查床墊，小心不要引人注意。紗窗開著，我可以聽到外面的雨聲。站起身來感覺自己相當高，好像每樣其他東西都矮到貼地。藤椅上披著一件束起來的閃亮袍子，我湊近一看，袍子居然正在編織著自己。一隻一隻蠶正在修補撕裂處，同時把寬鬆的袖子加長。這些辛勤紡織中的蠕蟲看了有點噁心，我一個站不穩伸出手一撐，不小心還壓到其中兩三隻。牠們在我的手裡半死不活地掙扎，還一邊在我手掌吐出未凝結的細小絲線。

我醒過來想在黑暗中摸找大水杯，卻把裡面的水都灑出來。我大概是想沖

鬼袍。

掉那些倒霉扭動的軟蟲。我摸到筆記本，就坐起來看我之前到底寫了些什麼，什麼也沒寫，一個字也沒有。我起身到迷你吧台拿了礦泉水，打開瓶蓋。夜裡的雪。此景讓我心生疏遠感，雖然不知道這感覺從何而來。房裡有個電燒壺，我打算泡點茶配機場休息室裡挾帶出來的餅乾。不久太陽就要升起。

我坐在金屬組合桌旁，打開筆記本，盡力想寫點東西。說起來我平日所想比我所寫的更多，多希望我能夠把腦中的東西直接傳輸到紙上。年輕時我有過一個想法，希望想和寫兩者同時間發生，但我從來都沒有辦法讓筆跟上自己腦筋的轉速。我放棄寫下，只是跟狗坐在一起，腦子裡開始寫，一道彩虹形成了神秘的白光、太陽和汽油的混合樣、掠過水面和就像有一雙彩虹翅膀、輕盈無比像條寶貝人魚一樣。

晨光仍被雲霧掩著，不過雪已漸小。我懷疑是不是真的有氧氣被泵到房間裡，每次打開房門我又擔心氧氣會跑掉。旅館樓下的停車場裡出現一排穿著精心製作和服的女孩，晃著長長的袖子。這一天是日本的女兒節，她們正展現著天真無邪。一根根可憐的小腿！看著她們蹬著夾腳鞋踩在雪地裡，我不禁打了個哆嗦，但是她們樣子很歡快，彷彿正在嘰嘰喳喳笑個不停，一面敷衍作勢地合掌祈福，有如幡旗迎風招展，然後拖曳著五彩盛裝的下擺前行。我注視著這些小女孩，直到她們過了轉角，消失在瀰漫的霧色中。

我回神，盯著筆記電腦看。決心不管怎麼累一定要寫出點東西來，我會這麼累主要還是因為旅行帶給我的深層效應。我不由自主地閉上眼，想休息一下，但是眼睛一閉我就看到延伸的格子窗大聲搖晃，傾瀉而下的片片花瓣覆蓋在無懈可擊的迷宮上。水平的雲層在遠山排成了李・米勒（Lee Miller）作品，成了漂浮中的唇。現在不要，我微微大聲地說。我才不要在這個時候掉進超現實迷宮裡，我要想的不是這些迷宮和謬思，我要想的是寫作的人。

兒子出生之後，弗雷德和我都不願出遠門。我們常常去圖書館借一大堆書，然後通宵達旦地讀。那段時間裡弗雷德專注地閱讀有關飛行的書，我則沉浸在日本文學裡。為了讓自己能投入那些作品氛圍中，我把臥室隔壁的小儲藏室改裝，買了好幾碼的黑毛毯布把地板和踢腳板都覆蓋起來。我有一把鐵茶壺和一片加熱板，還有四個本來是裝柳橙的木頭箱，我拿來擺書。弗雷德幫我把箱子漆成黑色。我就盤腿坐在黑毛毯布蓋著的地板上，面前擺一張長型矮桌。冬天早上，窗外的景象看起來像是被抽色過，只有光禿禿的樹枝在白茫茫的風中彎著腰，我就在那樣的小房間裡寫作。直到後來兒子長大了，那個房間又變成他的。我就換到廚房去工作。

床邊這些芥川龍之介和太宰治寫的書曾把我帶到心醉神迷之境，當年我滿腦子裡都是他們。他們來到密西根找上我，我再把它們帶回日本。這兩位作家最後都以自殺結束一生。芥川因為害怕他會遺傳母親的瘋病，吞下份量足以致命的巴比妥酸鹽，然後蜷曲躺進他的床鋪上，當時他的妻子和兒子就睡在旁邊。比他年輕一點的太宰，對這位師父心悅誠服，似乎也在這個方面克紹箕裘，經過幾次尋短未遂，最後終於跟另外一位同伴在雨中泥濘的玉川上水投河自盡。

芥川是從內在裡被詛咒了，太宰則是詛咒他自己。最初我本來是打算要寫些有關於他們兩個人的事蹟。夢裡我坐在芥川的寫字桌前，但是我有所遲疑不想打擾他的清靜。太宰則另當別論，他的精神似乎無所不在，就像一顆著了魔的跳豆。不快樂的男人，我心裡想，於是就決定選他當主題。

我深深地集中注意力，試著把全副的精神放在這個作家身上。但我仍趕不上思緒的速度，因為這些思緒奔得飛快，結果我什麼也寫不下來。放輕鬆，我跟自己說，你已經選好了主題，或者說你的主題已經選擇了你，他一定會出現。我既想動筆又感覺該克制自己，我感覺越來越不耐，這其中還牽涉到一股潛在的焦慮，是因為沒有喝咖啡。我忍不住回頭看，好像有什麼人來了。

——什麼是「無」？我衝口就問。

——那是你不用鏡子就可以從你的雙眼裡看到的東西，這是答案。

我突然餓起來，又不想離開旅館房間。最後我下樓找到一家中國餐廳，從菜單上挑了一張我想吃的圖樣，蝦球和用竹籃子盛著的包葉白菜蒸餃。等餐時我就著餐巾紙畫了張太宰治的肖像，誇張他面孔上亂亂的頭髮，模樣英俊同時有點好笑。我突然想到這兩位作家都有這個迷人的特徵，造型如怒髮衝冠。我付完帳走進電梯，我附近這一區不知道什麼理由特別空蕩。

太陽下山，黎明破曉前長夜漫漫，我的身體失去時間感，我決定接受現狀，採用當年弗雷德的辦法，不跟著任何時針走。一個星期之內我就能把時差調回，跟艾斯和戴斯活在同一個時區。不過這幾天我沒有跟任何人碰面的行程，除了希望寫出幾頁有點價值的東西，沒有其他安排。我在被子底下翻來覆去，想讀一讀《地獄變》，讀到一半就昏了過去，下午日落到夜晚，我的時間全都失衡。等我醒來，都已經過了晚餐時間。我從迷你吧台上拿小點心吃——一袋撒了山葵粉的魚型脆餅，一條大巧克力棒，和一罐去皮杏仁。我配著薑汁汽水把這些東西都吞咽下去。從行李箱拿出衣服，準備先淋浴，然後出去走走，就算只是繞著停車場晃也好。我用針織帽蓋住沒乾的頭髮，走出旅館外順著之前那些年輕女孩的路線步行。中庭裡有座砌出來的階梯通向個小山丘，山丘上什麼也沒有。

不知不覺我居然發展出一套像例行公事一樣的習慣。讀書，坐在那張金屬書桌前，吃中國菜，然後在下雪的夜裡重新走一遍先前足跡所至。我試圖用重複的行為平息再度湧現的焦慮不安：一遍一遍地寫著太宰治的名字，寫了不下上百遍。不幸的是，寫滿一整頁，也沒什麼效果。這種照表操課最後只是隨興所至毫無目標的書法練習。

不過，我還是以某種方式靠近了主題——茫然徬徨的太宰，窮困潦倒，出身貴族的浪人。我可以想見他蓬亂的頭髮上有幾根髮絲翹起來，感受到他遭遇世人詛咒的自責悔恨，並慢慢蓄積出能量。我站起身為自己燒了壺熱水，用茶粉沖泡茶喝，開始進入一種渾身舒暢的氛圍。我把記事本收起來，放了幾張旅館的文具信箋在眼前，悠長緩慢地吸吐了幾口氣，把自己放空然後重新開始。

> 新生的樹葉熬過整個冬天沒有落下，拼命抱住枝頭。儘管寒風瑟瑟，人們沒想到他們居然能這樣膽大妄為繼續青翠。作家不為外界所動，老一輩的人對他滿心嫌惡，對他們來說他就是個沉淪中的詩人。回過頭來，他也對他們報以輕蔑的態度，想像自己是個優雅的衝浪高手，駕馭波峰前行，絕不讓自己失足墜落。
>
> 統治階級，他大聲叫囂著，你們這些統治階級。
>
> 醒過來時，他渾身是汗，襯衫因為體塩結晶而僵硬。從少年時代就染上的

肺結核像已經鈣化的小顆種子——黑芝麻粉般的微粒慷慨地撒在他的肺葉上。大醉一場算是對自己的補償：陌生的女人，陌生的床，一陣令人不愉快的咳嗽之後，噴濺出萬花筒般的血漬，布滿陌生的床單。

我沒有辦法不這樣，他哭著說。酒器祈求著醉鬼的嘴唇。喝我喝我，他呼喚著。鐘聲持續不斷地敲。一連串的長偈。

他強健的手臂在波浪般起伏的袖子底下顫抖著，伏在矮桌上他寫下短短的自殺宣言，寫著寫著，卻全都寫成了完全不同的東西。他的血液流動慢下來，心跳跟著變緩，抱持着齋戒沐浴虔誠抄經般的堅忍，他寫出不得不寫的。當文句像古老的魔咒噴灑到信紙上，他感覺到自己手腕的動作。他盡情享受著他最愛的樂趣，喝下一品脫的冷牛奶，像輸血一樣把濁白色的血注入，流經體內系統。

黎明突現的光驚醒了他。他步履蹣跚走進花園，盛開的繁花伸出火一般的舌頭，其中的紅色女王是險惡的夾竹桃。這些花什麼時候變得陰險邪惡？他試著回想到底是什麼時候開始出問題。支撐著生命的一根根線被逐一解開，就像裹了一半的小腳放大拆下來的那一條繞捲的長亞麻布。

他被愛這種病給擊敗了，被幾代以來的過去給灌醉了。什麼時候我們才能夠真正做自己，他感到懷疑，踩過覆蓋著一層白雪的河岸，月光照亮他身上的大衣。長篇大論的抨擊，古老羊皮紙色的絲綢，袖子裡獨特的那隻手寫滿了吃或者死這幾個字，豎直地寫到背後，然後越過領口，接著一直往左邊寫下去穿過他的心臟。吃或者死，吃或者死，吃或者死。

讀到這裡我停下來，希望自己手裡抓著件外套，這時候旅館電話響起，是戴斯幫艾斯打來。

——電話響了很多聲。吵到你了嗎？

——沒有，沒有，很高興你打來。我正在幫太宰治寫一點東西，我說。

——那你對我們行程的規劃應該會很滿意。

——我準備好了。先去哪裡？

——艾斯已經在「三船」訂了晚餐，我們可以一邊吃飯一邊計劃明天的行程。

——一個小時後我在旅館大廳跟你碰面。

我很高興他們選了「三船」，那是我從感情上來說最喜歡的餐廳，內部的裝設是以偉大的日本演員三船敏郎一生為題。今天晚上我們很可能會喝很多的清酒，也許他們還會幫我準備一道特別的蕎麥料理。沒有什麼比這些更能結束我的孤寂狀態。我很快就把東西都整好，塞一顆阿司匹靈到口袋，跟著去和艾斯和戴斯老友重聚。跟我原來想像的一樣，清酒一直送上來，我們喝個不停。現場瀰漫著黑澤明電影的氣氛，很快我們就把年前說的那些話題撿起來繼續——墳墓、寺廟和雪中的森林。

隔天早上，他們開著艾斯的雙色飛雅特來載我，這輛車看起來像一雙紅白相間的馬鞍鞋。一路上我們四處找咖啡，我很高興終於有咖啡可喝，艾斯還讓他們裝入一小壺保溫瓶，讓我晚一點還有咖啡。

——你不知道嗎，戴斯問我，大倉飯店重新裝修的那棟別館會供應一整套美式早餐？

——噢不，我笑著說。那種大桶沖泡的咖啡我就免了吧。

艾斯是那種極少數我能接受他替我排行程的人，他選的地方總是跟我契合。車開到了高德院，鎌倉的一座佛寺，我們向著猶如艾菲爾鐵塔一樣俯視來者的偉大佛陀致意。大佛像神奇地充滿了威嚴，我只拍了一張照。當我把照片的上膜撕開，發現感光出了問題，而且佛像的頭根本沒有拍進去。

——也許祂把臉遮了起來，戴斯說。

後來這個朝聖首日，我幾乎沒有用照相機。我們在紀念黑澤明的大眾標誌物旁放上花束，我想到他一生所拍的偉大電影，從《酩酊天使》到他的不朽巨作《亂》，那是連莎士比亞也可能會為之震動的史詩之作。我記得當年是在底特律郊區一家地方電影院看《亂》，弗雷德帶我去是因為那天剛好是我四十歲生日。進場前太陽還沒下山，外頭的天空明亮清朗。看電影的三個小時過程中，外面起了狂風暴雪，戲院裡的我們完全不知情，看完電影走出戲院，外頭是黑壓壓的天，突然間捲起一股雪旋風，天空瞬間給刷白。

——我們還在電影裡，佛雷德這麼說。

艾斯正在查看地圖，想找圓覺寺墓地。經過火車站時，我停下來看著耐心排隊的人群，他們等上一陣子才穿越軌道。一輛老舊的直達車尖聲呼嘯而過，好像一陣亂蹄從陡峭的角度飛奔而下，噹啷噹啷聲不絕於耳。我們邊打著哆嗦，邊尋找電影導演小津安二郎的墳，這很困難，因為他的墳位在比較高的僻靜小地方。找到他的墓碑，有人在上面放了幾瓶清酒，花崗岩黑的立方碑上寫了一個漢字「無」，表示什麼都沒有。流浪漢大可以到這裡來躲，順便喝到茫茫然。小津很喜歡他的清酒，艾斯說；沒有人敢去打開他的酒瓶。雪覆蓋著地面上的一切，我們爬上石階捻香點上，看著煙隨風搖曳，靜靜站在那個地方，彷彿想體驗凍僵之後會怎麼樣。

小津電影中的片片段段在這個當下接連閃現。女演員原節子躺在太陽下，

艾斯與戴斯，鎌倉。

北鎌倉車站，冬天。

她那開朗明確的神情，還有那洋溢著喜悅的微笑。她與兩位電影大師都合作過，先是黑澤明之後是小津安二郎，一起拍了六部電影。

——那她葬在哪裡？我提問，想抱一大束白色菊花去她的墓碑前擺。

——她還活著呢，戴斯翻譯著說。已經九十二歲高齡了。

——希望她能夠活到一百歲，我說。且忠於她自己。

隔天早上，天空陰陰暗暗，烏雲罩頂。我去為太宰治掃墓，用水把墓碑清洗了一番，好像這塊碑就是他的身體似的。替花器沖換水之後，我一一插上鮮花束。一朵紅色的蘭花象徵他肺結核的血，旁邊擺一小簇白色植連翅，這種植物的果實裡包含了許多帶翅的種籽。植連翅散發一種淡淡的杏仁香。這些小花就像牛奶糖，代表著染病虛弱時，即使身處惡劣情況中，還有白色牛奶能為他帶來樂趣。我還添上一點嬰兒氣息——一種雲狀圓錐花序的小白花——試圖一新他受污染的肺臟。這些花形成一座小橋，就像手觸著手。我從地面撿起一些脫落的石塊，塞進我的口袋。我把香平放進圓形爐裡，馨甜好聞的煙籠罩著他的名字。就在我們快離開時，太陽露了臉，把所有一切都照亮。也許是那嬰孩的一口氣發揮了作用，太宰治有了清新的肺，把原先遮住太陽的雲靄都給吹開了。

香爐，芥川龍之介墓前。

離開墓地之際。

——我想他很高興，我說。艾斯和戴斯都點頭同意。

最後的目的地是慈眼寺的墓園。快走到芥川龍之介的墳時，我想起自己的夢，想知道這會有什麼影響。死去的人應該覺得我們很奇怪吧。這些不就是骨灰、幾塊骸骨、一把一把的沙、已經靜止無息的有機物質，以及等著時間過去。我們在這裡為長眠的人獻上花束，回去自己不能成眠。我們自作自受，就像十字軍東征的騎士之王安佛特斯被自己拒絕治癒的傷口苦苦折磨。

外頭非常冷，天空再度轉為昏暗。我的身體對這個低溫奇怪地無感，幾乎像是麻木，但是卻對眼睛所看到的冷深深能懂。按照不同對比的陰影我拍了四張香爐照片。雖然四張都很相，可是我每一張都很喜歡，我把它們想像成穿衣屏風的四片扉板，四季不同的扉板。當艾斯和戴斯匆忙趕回車上時，我深深地鞠個躬感謝芥川龍之介。等到我跟上他們回到車上，反覆無常的太陽又再度出現。我走過一棵樹幹用粗麻布綁起來的古老櫻桃，冷冷的光照加深了捆綁的痕跡，我拍下最後一張照：粗麻布鬆脫的線頭構成的條痕，看起來就像喜劇面具上詭異的眼淚。

這一天晚上，我心理上準備好要換旅館，要離開這一陣子與世隔絕的作息習慣，覺得有點不捨。我像是被包裹在大倉飯店形成的繭裡，和兩隻悲慘的蛾

喜劇面具。

住在一起，他們雖然不至於要藏起自己的臉，卻也不希望拋頭露面。坐在房裡的金屬書桌前，我列出要辦的正事，包括跟出版商和譯者見個面。然後我還要跟由紀碰面，她推動2011年發生東北地震和海嘯後失去父母的孩童照顧，我想看看還能幫什麼忙。我一邊打包旅行箱，一邊感受著即將離開眼前這段生活秩序那種不捨心情，懷念起我自己一手打造的世界裡所過的這段日子，其實它脆弱得像是火柴棍臨時搭建的廟。

我到衣櫥裡搬出一床棉被和蕎麥乾草枕頭，把墊被攤開鋪在地板上，再用蓋被把自己整個裹起來。我打開電視看著一齣很像發生在十八世紀的某種肥皂劇的結局，沒有字幕也不覺有任何一絲的愉快，一切只是以慢動作發生著。不過我還是挺滿意，這條蓋被就像雲朵，供我漂浮，雖然為時短暫，但我就跟隨著少女的畫筆，她在小木船的帆上畫出悲傷的景象，逼真到她自己都忍不住落淚。當她赤著腳從一個房間逛到另一個，身上的袍子劃過疊席發出簌簌聲。推開紙門她走了出去，外面是大雪覆蓋的水岸。河面沒有結冰，船張開了帆便啟航，把她獨自一人留在岸邊。不要把船丟在淚河當中，強風嘶吼著。手勢要堅定，要堅定。這時她跪倒路旁側伏在地，手裡握著把鑰匙，接受了長眠不起帶來的仁慈。那件袍子的衣袖上還畫著一枝綻放光輝的纖枝梅花，花蕾上濺了一滴一滴的小水珠。我閉上雙眼，與這位少女合而為一，小水珠重新排列形成一個圖案，看起來就像一座拉長了的島嶼，就在大片空白邊。

早上艾斯開車送我到出版社挑選的市中心旅館，靠近澀谷電車站。房間在一棟現代摩天大樓的第十八層，可以望見富士山。這家旅館有個小咖啡廳，供應瓷杯子盛的咖啡，我愛喝多少都沒問題。這一天排了滿滿的行程，氣氛突然變得如此活力充沛，我沒有料到但也還喜歡。那天夜裡我坐在窗前望著這座峰頂覆蓋白雪的高山，像是在看顧著沉睡的日本。

早上我就從東京站搭上新幹線的子彈列車去仙台，由紀在那裡等著我。在她的笑容背後，我可以看見許多其他事，例如災難後的悲傷。之前我遠遠地幫助她，如今她已經可以把努力成果交到那些無私的照顧者手中，由他們繼續守護著這些承受巨大失落的孩童。這些孩子失去了家庭和住所，還有他們原先熟悉信賴的自然環境。由紀花了很長的時間和孩子們的老師談話。我們離開前，他們送上珍貴的禮物「千羽鶴」，用一千隻手折紙鶴連結起來的線。那是許多根小手指勤奮努力的成果，是祝福人健康和好運的最好象徵。

之後我們去訪視閖上，這個宮城縣名取市的著名漁港，曾經繁華一時的地方。那天威力強大的海嘯掀起超過一百呎高的巨浪，沖走了將近千戶民家和設施，只留下幾艘撞毀的船。現在這地方又出現一片片綠油油的稻田，災變當時這裡鋪滿了近百萬條死魚，腐敗的魚腥味在空氣中不散長達好幾個月。那一天的氣溫刺骨低寒，由紀和我在那裡默默無語。來之前我已經做好了心理準備，料想會看到一些可怕的傷害，但真正讓我難過的反而是眼睛看不見的。靠近水邊的雪地中有一尊小佛像，供奉在孤零零的神座上。佛像俯視著這個曾經繁榮興旺之地，我們走上台階去看，神座就是幾塊簡單的石板。天氣實在太冷我們連祈禱神明保佑都快說不出口。要拍一張照片嗎？她說。我看著這殘破的景象，搖了搖頭。什麼都沒有，要用相機拍下什麼呢？

由紀給了我一包東西，然後我們彼此道別。我搭上子彈列車回到東京，一到車站就發現艾斯和戴斯已經在等著我。

——我以為我們已經說再見了。

——我們不能就這樣丟下你。

——那我們是不是還要再去「三船」？

——對啊，走吧。清酒一定在等著我們了。

艾斯點頭微笑。這是屬於清酒的時光，我們的最後一晚，完全泡在清酒裡。

——這酒杯和小酒壺作得真細緻，我有感而發。杯壺的顏色是種蔚藍的緣，上面還蓋了小紅圖章。

——那是黑澤明家的家紋喔，戴斯說。

艾斯捻著鬍子，陷入沉思。我在這家餐廳裡面到處亂晃，欣賞著黑澤明為了表現電影《亂》裡面的武士所畫的大氣又鮮艷的彩色草稿。當我們開開心心地走回艾斯的車，他從一個破舊皮袋裡拿出小酒壺和酒杯。

——友誼害我們落草為寇了，我說。

戴斯本來想幫我翻譯，但是艾斯揮手表示不用了。

——我能懂，他很鄭重的說。

——我會想念你們倆，我說。

那天晚上我把酒杯和小酒壺放在床邊小桌子上，裡面還殘存幾滴沒喝乾的清酒。

我帶著輕微的宿醉醒來，便用冷水沖了個澡，然後一路搭乘迷宮似的電扶梯，結果這電扶梯把我帶到不曉得是哪裡了。本來只是想去喝杯咖啡的。我出外找，發現一間簡便咖啡店——一杯咖啡加一個小可頌麵包九百日圓。隔壁桌面對我的是個三十幾歲的男人，穿著西裝白襯衫打著領帶，正在用筆記型電腦工作。我注意到他的西裝上有微妙的線條，並不很招搖卻很難不讓人察覺它與眾不同。這個男人具有某種凌駕於一般上班族的儀態。不久他換了一部筆記型電腦，又幫自己弄了杯咖啡，繼續工作。我被他這種安祥而又繁複的專心致志給打動了，他那平整的前額上泛著幾道光，長得很好看，某個角度上有點像年輕時的三島由紀夫，給人一種正派得體感，不動聲色的信仰反抗和那種決心為理念獻身的印象。我看著人群從我身邊經過，時間也正從我的身邊流逝。我本想搭火車到京都去過這一天，但坐在這個安靜的陌生人對面喝咖啡，更合我現在的心意。

京都最後沒去成，離開日本前我就在東京散步，心裡想著要是在街上碰到村上春樹會怎麼樣。不過說真的我不覺得他人在東京，我也沒有去找宮脇的房子，儘管那個區就在幾英里外。現在我對死去的事物更著迷，至於虛構的世界，目前就先略過吧。

反正村上春樹不在這裡，我心想。他一定正在某個地方，也許就是一片薰衣草田正中央的時空膠囊裡，埋頭敲寫著他的故事。

那天晚上我一個人吃飯，很雅致的一餐，有蒸鮑魚、綠茶蕎麥麵和熱茶。我打開由紀送的禮物，一個珊瑚橘紅色的盒子，以海水泡沫色的厚紙包裝。盒子裡有張淺色的紙，盛著一把一把長野縣作的蕎麥麵團。這些麵條躺在長方形的盒子裡，像是一串串珍珠。最後我仔細看了看這回拍的照片，一一把他們在床上排開來。這些照片多數都只能歸類為到此一遊的紀念，只有芥川龍之介墳上的香爐那幾張有一點意思；這樣一來我才不至於無功而返。我站了一會兒，從窗邊俯瞰澀谷的萬家燈火，接著遠望富士山，然後打開一小罐清酒。
——向你致敬，芥川，向你致敬，太宰。說完我把手上的酒一飲而盡。
——別把時間浪費在我們身上，他們似乎這麼說，我們不過是些無賴。
我又把小酒杯斟滿，繼續再喝。
——所有的作家都是無賴，我低聲道。希望有一天我也能算得上一個。

拼貼咖啡館（Café Collage），威尼斯海灘。

・暴風雨裡的精靈・

回程我特地飛洛杉磯轉機，跑到西岸的威尼斯海灘住了幾天，那裡離機場很近。我坐在岩石上看海，耳邊聽著來自四面八方此起彼落的音樂聲，音樂從好幾台不同的隨身音響飄來，都是些不講究協調、對於好聽不好聽自有其革命性見解的雷鬼音樂。我在「拼貼咖啡館」吃墨西哥薄餅捲魚，喝了咖啡，這地方就在威尼斯木板步道向西走一個路段。我連衣服都沒有換，兩條褲管捲起來我就直接走到海水裡。水是有點冷，但是鹽份接觸到皮膚讓我覺得很舒服。我一點都不想打開行李箱或者電腦，僅靠著一口黑色棉布袋過日子。我聽著海浪的聲音入睡，然後花很多時間讀著人們丟掉的舊報紙。

在「拼貼咖啡館」喝了最後一杯咖啡，我才出發去機場，到了機場發現行李被我留在旅館。上了飛機我什麼都沒帶，身上只有護照、白色的筆、牙刷、一管Weleda旅行鹽味牙膏和一本中尺寸的Moleskine筆記本。五個小時的飛行時間我沒書可看，這班飛機上也沒有提供電影電視。我馬上陷入困境，先把機上雜誌都看遍，裡面用主題式介紹這個國家前十名的滑雪勝地，剩下的時間我就在一張展開來的地圖上反覆回憶我去過的歐洲和斯堪的那維亞半島上的地名。

Moleskine筆記本裡夾著大概一千三百元日幣和四張照片。我把照片攤開來放在小餐桌上：一張是我的女兒潔希，站在巴黎孚日廣場的「雨果咖啡館」

前面，兩張是拍芥川龍之介的墓地，還有一張是女詩人希薇亞．普拉絲在雪地裡的石雕頭像。我想寫點跟潔希有關的事，但是沒辦法，她的臉讓我想起她爸爸，也會想起過去一起生活的種種往事。我把三張照片塞回口袋裡，專心看著希薇亞在雪中那張。拍得並不是很好，也許是因為冬天裡的光線不足。我決定來寫一寫希薇亞，讓自己有點東西可以讀。

我突然想到這趟旅行碰上的都是自殺。芥川、太宰、普拉絲，有人投水自盡，有人服用藥物，有人吸入大量一氧化碳；被遺忘的三根手指，這個可把其他人都打敗了。希薇亞．普拉絲是在一九六三年二月十一日在倫敦公寓裡的廚房結束自己的生命。當時她三十歲。那一年是英國歷史上列入記錄的寒冷冬季。從「送禮日」（Boxing Day）起一直在下雪，積雪把水溝堆高了。連泰晤士河都結冰，羊群餓死在荒野中。她的丈夫，詩人泰德．休斯離她而去。年幼的孩子都沒事，她先把他們好好哄上床，然後自己把頭伸進爐子裡。一想到世界上居然有這樣壓倒一切的孤寂，任何人不免都會打個冷顫。計時器滴滴答答反著倒數。還有一點點時間，還有活下去的一點點可能，把瓦斯關起來。我想著那些時刻裡閃過她心頭的想法是什麼：小孩、沒完成的詩句、還是負心的丈夫正和另外一個女人在吐司麵包上塗著奶油。我想知道那個爐子後來去哪兒了。也許接手用的下一個房客早已經把爐子清乾淨，這個大型的聖骨盒可是承載著一位詩人腦中最後的念頭，以及被金屬鉸鏈勾住的最後一簇淺棕色頭髮。

飛機上溫度高得令人難受，居然還有其他乘客跟空姐要毛毯。我意識到自己快要產生那種沉悶卻壓迫性十足的頭痛，閉上眼睛開始在腦中搜索那本《艾芮兒》（*Ariel*）裡的一張圖片。二十歲的時候有人給了我那本書，之後《艾芮兒》就變成我生命裡最重要的一本。這本書帶我認識了這位秀髮蓬鬆的詩人還有她敏銳的觀察力量，她能像外科醫師般拿著手術刀剖開自己的心臟。不用太費勁，我就能在腦海現形那本《艾芮兒》，薄薄一本，外面包著褪色黑布。我在心裡將它打開，發現奶油色的扉頁上有我年輕生澀的簽名。我繼續翻頁，重新看看每一首詩的形狀。

當我專注地看著詩句的第一行，一股跟我作對的力量升起，讓我看到好多白色信封的影像，在眼角處出沒，不讓我靜心讀進這些詩。

這些擾亂攪和讓我痛苦起來。我很清楚是哪個信封，就是裡面裝著幾張我拍的照片那個，我當時跑到英國北部，在秋光淋漓中拍攝詩人墳墓。我先從倫敦搭車到里茲，經過勃朗特姐妹的家鄉來到亥普敦橋，然後再到赫普頓史托古老的約克夏村莊去拍照。我連致意的花束都沒帶，一心只想拍照。

我身邊只帶著一包拍立得底片，也不覺得需要更多。當天的光線近乎完美，拍的時候我就有絕對把握，不多不少就拍了七張。每一張都很好，其中五張更是完美無瑕。當天我太高興，還拜託一個孤身的旅客，一個親切的愛爾蘭人，請她替我在墳墓旁照了相。照片裡的我看起來有點老，但那天光正是當天我滿意得不得了的熹微光線。我當時感受到好久以來都沒有再經歷過的得意洋洋——輕鬆地完成具有挑戰性的工作後那種心情。拍照時，我只有全神貫注地向她祈禱，並沒有像其他朝聖者一樣把筆放進墓碑旁的筒子裡致意。我身上只帶了最心愛的筆，白色的萬寶龍，但我可不想跟心愛的筆就此分手。所以就自動取消，跟自己說不用行禮如儀，這種處境我想她也會諒解，結果我終究後悔了。

到火車站的那段長途車程中，我一直在看照片，看完就把它們裝進一個信封。接下來的幾個小時裡我又把他們拿出來好幾回。幾天後就在旅行途中，信封和信封裡裝的東西就消失無蹤了。我心痛萬分，把先前做過的每一個動作重新檢視一遍，卻始終沒找到。這些東西就這樣消失，我對這個損失低迴不已，尤其當初拍下照片的時刻本以為會興味索然，卻是一段給予我無窮樂趣的時光，這點更把失落感擴散。

二月初，我發現自己又跑到倫敦。搭上火車到里茲，在那裡找了個司機載我回到赫普頓史托。這次我買了一大堆底片，還把我的250Land相機好好地清潔了一番，甚至煞費苦心把已經塌掉一半的折箱內部給拉整齊。我們一路蜿蜒曲折開到了山上，司機把車子停在氣氛肅穆的「聖湯瑪斯所葬之貝克特教堂」墓地遺址前。我走到遺址西邊，很快就在教堂後方小路對面那塊地找到她的墳。

——我回來了，希薇亞，我低聲地說，彷彿她一直在等著我。

我沒有考慮到下雪。雪堆把略顯骯髒的灰白色天空反射出來，構成雜光。對我這台簡單的相機來說，情況變得有點困難。光源太多，用得上的光太少。拍了半個小時，我的手指都快凍僵，風吹個不停，我頑固地繼續拍，並希望太陽能夠再露出臉來，我喪失了理智卯起來狂拍，把帶來的底片全用光。拍完看沒有一張是好的，明明我已經冷到沒有感覺，還是捨不得離開。冬日裡這個地方如此荒涼寂寞，為什麼她的丈夫要把她葬在這裡呢？為什麼不葬在新英格蘭海邊呢，那才是她出生的地方，那是夾帶鹽分的風會在刻著普拉絲名字的石頭上盤旋不去的地方。我控制不住地想在這頭像上面灑尿，想像著尿水順著石頭形成一股小水流，因為有一部分的我希望她感覺到貼近的人帶來了溫暖。

生命哪，希薇亞，這可是生命。

放筆的筒子已經不在，或許它也避冬去了吧。我把口袋都翻遍，找出一本小小的螺旋活頁筆記簿，一條紫色緞帶，還有一只萊爾棉線織的襪子，襪子頂

聖湯瑪斯所在的貝克特教堂。

端繡著蜜蜂圖案。我拿緞帶把這些東西捆成一束，塞在墓碑旁邊。踏著沉重腳步回到厚重大門時，最後僅餘的光線也黯下來。等到我走到車子旁，陽光再度露臉，帶著復仇的意味。我一轉頭，一個聲音在我耳邊輕輕說著：

——別回頭看，別回頭看。

就像希臘神話裡羅特的妻子，化成鹽柱，傾倒在雪花覆蓋的大地，延伸出一條長熱印，將沿途所經之雪一一融化。這樣的溫暖帶走了生命，帶走了一叢叢的綠意，也帶走了眾多靈魂緩緩前進的隊伍。希薇亞，那天她穿著奶油色的毛衣和筆直長裙，遮著眼避開調皮的陽光，逕自走上這條回去的路。

早春時節，我第三次來到普拉絲墳前，帶著妹妹琳達。她一直很想到這個勃朗特鄉下走一趟，便跟我結伴同行。我們先循著勃朗特姊妹走過的足跡旅行，接著到我要去的地方，上了山。琳達置身在這茂密的田野之中，雀躍萬分，舉目所見都是野花及哥德式遺跡。我靜靜地坐在墓旁，感受著稀有難得、久違了的平和心境。

西班牙朝聖者有一條「聖地牙哥朝聖之路」，從一座修道院走到下一座，沿途收集小紀念章綁在自己的念珠上，當作一路走來的證據。我的證據是一疊疊拍立得照片，每一張都表示著我走過的路，有時我會把照片像塔羅牌或者某支天國隊棒球卡，在我眼前攤開來。如今多了一張春天裡的希薇亞，看起來真

IN MEMORY
SYLVIA PLATH
1932
EVEN AMIDST FIERCE
THE GOLDEN LOTUS CAN BE

希薇亞・普拉絲之墓，冬。

好。但我還是缺了那批閃閃泛著微光的遺失照片。沒有什麼能被真正重現，愛情不可能，珠寶不可能，連一行詩也不可能。

＊＊＊

一覺醒來，龐貝聖母教堂鐘塔傳來鐘聲響。上午八點鐘，看來我至少已經融入這個地區的作息時間。昨天夜裡我喝掉早上才該喝的咖啡，所以很疲憊。先過洛杉磯住幾天才回家，把我體內的生理時鐘都打亂，就像壞掉的咕咕鐘鳥，準點執行已經錯亂的報時。整套重返生活的程序怪異地被延遲，都是因為我自己連番鬧出的笑話，行李箱和電腦扔在威尼斯海灘旅館，到最後明明只剩個黑色棉布袋要照管，我照樣把筆記本掉在飛機上。等我一到家，還因為不能置信本子掉了，把袋子裡僅有的那麼點東西全攤在床，反覆地查了又查，好像筆記本會突然出現在其他幾樣東西的背面凹陷處一樣。開羅過來坐在空的棉布袋上，我一籌莫展環視房間。我還有夠多其他東西，我這麼告訴自己。

幾天之後，一個上頭沒有任何郵戳的咖啡色信封出現在我的郵件堆裡，我從形狀一眼就看出裡面是黑色的Moleskine。心懷感激同時也深感疑惑，我打開信封，裡面沒有字條，沒有可以感謝的人，有的只是種詭異氣氛。我把希薇亞雪地裡的照片抽出來，仔細看了又看。我這麼自我懲罰，不是為了書本裡一頁一頁的那個世界，也不是我內心裡一層一層沉積的那些氛圍，而是對其他人而言真實存在的那個世界。我把那張照片夾入《艾芮兒》書頁當中，讀起同名的那首詩，讀到這兩行我停下來：而我／是那支箭。這宛如心靈咒語的詩句曾鼓舞了一個侷促不安但懷抱決心的年輕女孩。我幾乎快忘掉這一切。羅伯．羅威爾（Robert Lowell）在書的導讀裡告訴我們，艾芮兒指的不是莎士比亞《暴風雨》中那隻變色龍樣的精靈，而是她最心愛的馬。不過那匹馬也許就是從《暴風雨》的故事旨意來取名。艾芮兒就是天使，也是上帝的得力助手。這些都很好，不過也就是這匹被希薇亞用手臂環抱頸項的馬，載著她飛越了終點線。

很久以前我還仔細剪了一首詩〈新來的小馬〉把它夾進這本書頁裡。詩裡描述了小馬怎麼出生，怎麼被送來，我聯想到當超人還是個嬰兒時，被裝進伸手不見五指的小太空艙，被猛力射向太空朝著地球飛來。詩裡描寫小馬剛出生落地時，四肢還搖搖晃晃站不穩，靠著上帝和人的協助慢慢順利變成一匹馬。寫詩的人名不見經傳，但是他所創造的這匹馬卻永遠活生生，不斷地出生又重生。

我心滿意足回到家，睡在自己的床，有自己的電視機和書。明明只離開了幾個星期，感覺卻像過了幾個月。我該恢復每天的既定行程了。這個時間去「伊諾咖啡館」還太早。我拿起書來看，更正確地說，是一張一張看起了《納布可夫的蝴蝶》內頁圖片，我還把所有圖說讀一遍。然後盥洗整齊，換上一套跟我本來身上的一模一樣的乾淨衣服，抓起筆記本，匆忙下樓出門。貓群全部跟在我後面，牠們認出我的作息，同時也確認出牠們的。

三月的風吹來，這時得兩腳站穩在地上。長途飛行後的時差魔咒解除了，我再度期待坐回咖啡館的角落桌子旁，接過服務生不用喚就端上的黑咖啡、烤土司和橄欖油。貝德福街上的鴿子比平常多兩倍，路旁幾株黃水仙提前開了花。一開始沒注意，不過我隨即就奇怪上面寫著「伊諾咖啡」的橘紅色遮雨棚居然不在，店門也鎖起來，我看見傑森在裡面，上前敲敲窗。

——真高興你正好路過。我來給你煮最後一杯咖啡。

我嚇得一句話也說不出來。他要把店收起來，看來沒得轉圜。我看著平日坐的那張角落桌，數不清有多少年多少個早晨時光，我就坐在那。

——我可以坐下來嗎？我問他。

——當然，請坐。

我坐了一整個早上。一位常常來此光顧的年輕女孩經過，帶著一台跟我一樣的拍立得。我對她揮揮手，走到店外跟她打招呼。

——哈囉，克萊兒，你有一點時間嗎？

——當然嘍，她說。

我請她幫我拍張照。這是第一張也是最後一張有我坐在「伊諾咖啡館」角落桌子旁的照片。她也為我感到難過，很多次她路過這裡都會透過窗子看到我。她拍了好幾張，然後挑一張放在桌上——拍起來真的就是愁眉苦臉的樣。等她離開時，我向她致謝。我坐在那裡又過了好長一段時間，腦子一片空白，最後拿出那支白色的筆。我寫下那口井還有尚雷諾的臉，我寫到那個牛仔還有我丈夫笑歪了的臉，我寫德州奧斯丁的蝙蝠還有《犯罪意圖》影集中審問室的銀色椅子，我寫到精疲力盡，我寫下在伊諾咖啡最後的一些字句。

分手之前，傑森跟我一起站在那裡環顧這間小咖啡店。我沒有問他為什麼要關店，他有他自己的理由，不管答案是什麼，結果不會有差別。

我跟我那個角落說再見。

——這些桌子椅子要怎麼辦？我問他。

——你是指你那張桌子跟椅子嗎？

——對啊，幾乎是。

——送給你了，他說。晚一點我帶過去給你。

那天晚上傑森扛著它們從貝德佛街橫越第六大道，把它們送給我，這條路就是我十幾年來走的相同路線。從「伊諾咖啡館」過來的我的桌椅。我跟世界間的出入口。

審訊間。影集《疑犯追蹤》（*Person of Interest*）

我爬了十四層階梯，回到臥房，關起燈，然後眼睜睜地平躺。我想著夜裡的紐約市就像個舞台布景。想著從倫敦回來的飛機上我看的某齣影集開播戲，那是齣以前完全沒聽過影集《疑犯追蹤》，結果兩天後有個劇組在我們那條街取景，有人就來要求我在拍攝時不要走過去，我眼尖發現《疑犯追蹤》的主要演員就在現場，人就在從我門口走出去右邊十五呎左右的搭建的台架下。我當下心想我真是愛死這城市。

我找到選台器，打開電視看了《超時空博士》（*Dr. Who*）的其中一集後面幾場戲。大衛．田納特（David Tennant）看起來就像那麼一回事。對我來說他就是「超時空博士」。

——人們或許可以為了良善的天使而忍受邪惡之魔，潘巴度夫人在超時空博士轉移到另外一個時空前這麼對他說。我心裡就想這兩人要是湊成一雙該有多般配。我想著那個在法國時空旅行的孩子，一口蘇格蘭口音，不斷讓未來的女人傷心；同時，心投浮現一個紅橘色的遮雨棚，如龍捲風般出現。我懷疑自己又要想到很遠去。

等我終於沉沉睡去，差不多已是清晨。我做了另一個關於沙漠的咖啡館的夢，這一次牛仔就站在店門口，看著眼前的一片開闊。他彎身向我，輕抓住我

伊諾咖啡館。歇業關門日。

的手臂。我注意到他的拇指食指中間有一小塊皮膚刺了個新月圖。這是隻作家的手。

——為什麼我們老是跟對方走著走著就散了，最後又復合。

——我們這樣算復合嗎，我回答他，我們只是分別來這裡，隨興相遇？

他沒有回答。

——世界上沒有什麼比土地更孤單的了，他說。

——為什麼？

——因為這他媽的實在太無拘無束了。

然後他就不見了。我走過去站在他原先所站的地方，感覺他曾經存在的一點溫暖。風又刮起來，無法分辨的瓦礫殘骸被捲到空中。有什麼東西快要出現了，我可以感覺出來。

我踉蹌下了床，衣服都沒換，腦筋還在轉。半夢半醒之間我套上了靴子，從衣櫃後拉出一口雕花西班牙木箱。箱子表面有那種用舊了的馬鞍會長的銅綠，箱子的抽屜裡裝滿了東西，有的很神聖有的到底什麼來歷我完全想不起來。我找到我要的東西——一張英國灰狗的快照，背面寫著*1971, Specter*（《幻影》雜誌）。照片夾在一本破破爛爛山姆．薛帕寫的《鷹月》裡，書上還有作者題辭：「萬一你已經忘了曾經熱愛過狂野。」我走到浴室去稍作處理。有一本潮溼了的《人間失格》被丟在水槽下。我用清水沖了沖臉，抓起筆記本，出發要去「伊諾咖啡館」，穿越第六大道走到一半，才記起了它已經不在。

我開始常常出現在「但丁咖啡館」，不過時段不一。早晨我只是去買杯熱咖啡，坐在自家門廊上喝起來，想著以前在伊諾消磨整個上午時光的那些年，這麼做讓我內心的不滿遲遲不散，但也讓我有種得意想縱容這種情緒。謝謝你，我說，我才得以寫著這本書好好活過來。這本書我原來不打算寫出來，只是把時光錄起來，錄下那些過去的，還有現在進行中的。我看過雪花落在海面上，追尋過那些不在人間的旅人腳步。我把那些確然美好的往日時光重新溫習。弗雷德為了飛行課正在扣緊他的卡其襯衫，鴿子飛返我們家的陽台上。我們的女兒潔希，張開手臂站在我前方。

——噢，媽媽，有時我覺得自己就像棵新生的樹。

我們想要那些無法再擁有的東西。想盡辦法重返某些生命時光，某些聲音，某些感受。想再聽到媽媽的聲音。想再看到孩子們幼年的模樣。小小的手，快步跑的腿。然而萬事都會變，男孩會長大，父親過世了，女兒現在比我高，仍會為噩夢哭著醒來。請永遠留在那裡吧，我說給認識的每樣事物聽。別離去。別長大。

・夢見阿佛瑞・魏格納・

又一個輾轉難眠的夜晚。黎明我就起來工作，為了解讀信封上、書頁空白處還有沾了污漬的餐巾紙上潦草的字跡，雙眼累得又腫又痛。解讀完我還得把內容不管順序先謄到電腦檔案上，再試圖把這些時間相關性對不太上的敘述理出一個頭緒。我把這堆原件留在床上，先去「但丁咖啡館」。我把咖啡放到涼了，腦子裡想著一些警探。一起出勤的夥伴會依賴彼此的眼神。其中一個說，告訴我你看到什麼，這個夥伴就會毫不猶豫地說，我什麼都看到了。然而寫作者並沒有夥伴，他得回過頭來問自己——告訴我你看到了什麼。不過既然對象就是自己，也不用講得太清楚，因為心裡就有數——目前還不太清楚或者只表達出一部分。我問自己如果當了警探，算不算能幹。要承認這點真的很痛苦，但是我知道自己真的做不來。我不是善於觀察的那種人，雙眼似乎總是在自己眼窩裡打轉。付咖啡帳的時候，我突然發現同樣的但丁和琵雅翠斯的壁畫其實打從我一九六三年第一次上門就一直貼在這家店裡好幾面牆上。然後我去買點東西，買了一本新譯的《神曲》，還為靴子添購了新鞋帶。我注意到這幾天我的心情一直不錯。

我到信箱拿郵件。一本安娜．卡凡所寫的《愛之稀有性》（*A Scarcity of Love*）首刷，兩張版稅支票，一本「修復工具行」寄來的目錄和CDC秘書寄來的緊急公函，上面連平常慣有的印封都付之闕如，我馬上把它打開，心裡有點慌。裡面裝著一張有浮水印的信紙，敬告所有組織成員即日起「大陸漂流社」正式解散。她還建議我們把任何跟CDC往來的郵件或是印有CDC抬頭的信箋通通碾碎銷毀，最後祝大家身體健康事事如意。信紙最底處她用鉛筆寫上希望跟我還有機會再見面。我馬上給她回了一封短信，答應她如果她想在哪裡碰面我就去找她，還附上我幫CDC主題曲寫的一些歌詞。在信封上寫地址時，我彷彿聽到七號會員用手風琴拉出如泣如訴的樂聲。

雪中萬聖的這一天，魏格納去了哪
只有拉斯穆斯知道，他就在上帝的手上
舉起一具鐵十字架，他不再迷失
世人還找到了筆記，這些都在上帝的手裡

我從衣櫃的上層搬出一個灰色檔案盒，把裡面的東西攤在床上——有一個檔案夾裡裝著未來的計劃、列印好的閱讀清單、我的入會正式通知和紅色會員卡——編號二十三。旁邊還有一疊寫了字的餐巾紙，一張拍立得相片，裡頭是鮑比．費雪和波利斯．史帕斯基當年對弈的棋桌，還有我為二〇一〇年的新聞稿畫的弗里茲．羅威。我沒有打開那一整包用藍繩子繫的正式信件，我生了一小盆火，看著它們燒為烏有。我嘆了一口氣，把這些包括我寫有上回那篇不太愉快的講話筆記餐巾紙全部揉成一團。我本來想把關注點集中在阿佛瑞・魏格納生命中的最後時刻，想描繪出會員們的共同心聲，結果卻被聽眾質疑他到底看見了什麼給打亂。不過我無意中引起的這場小混亂也阻擋了我本想構築出詩一般的憧憬畫面的可能性。

他從伊斯米特離開的那一天，正是萬聖節，他的出發是為了幫助焦急等待的朋友們去找食物和援助。這一天是他五十歲生日，白色的地平線召喚著他。一道彩色弧線蓋在雪地上。一個靈魂跟另外一個靈魂永遠分離。他向他的愛人聲聲呼喚，愛人卻遠在一個漂流的大陸外。雙膝跪地，這時他已經看到他的嚮導，站在面前幾碼之外，於是他抬起雙臂。

我把揉成一團的餐巾紙丟進火焰裡，每一張都立刻縮起像拳頭，然後又慢慢張開像含苞玫瑰花綻放。我看得入了迷，火堆裡形成一朵巨大玫瑰。在這位科學家睡的帳篷裡一下子爬高一下子鑽低。巨大的火花戳穿了帆布，濃厚的香味湧了進去，籠罩著沉睡中的他，化成他所呼吸的氣息，深入他鼓動著的心室中。我有幸能夠看到這臨終片刻的景象，從「大陸漂流社」這些紀念品焚燒生成的煙霧中冉冉升起。一股熱勁流過全身，我很清楚知道這是什麼意思。這就是文明的現代，我告訴自己。但我們不要將自己陷在這裡。想去哪裡就去，去和眾天使交流，去為人類歷史再打造一個比未來更加科幻的時代。

我將帕西法袍子的摺邊熨平。
看著喬托的羊從濕壁畫裡跑出來。
在顯靈的聖像前祈禱，為這些倖存的時光。
手托著蓋貝托的小屋掃下來的刨花。
拉開一個屍袋，看著我兄弟的臉。
目睹僧侶把花瓣灑在垂死詩人的身上。
我從每日生活的影像看見裊裊薰香。
我看見所愛的人回到上帝手上。
我看到事物原來的模樣。

透過片片斷斷的過往，我們從時間獨斷的行進路線中解放。紫藤攀生的簾幕掩蓋熟悉花園的路口。我在一張橢圓形桌旁坐下來，那是席勒的入口，伸手觸摸滿眼哀傷數學家的手腕，裂開的傷口再度闔起，一瞬間，如一生之久，在那其間我們從無聲序曲裡走入無窮的生命樂章。蠻不在乎的一群人走過了知名

帕西法的袍子（Robe of Parsifal），紐哈登堡。

機構的大堂：約瑟夫・克奈齊特、埃瓦里斯特・伽羅瓦，這些維也納學界的成員們，當魏格納站起身，我看著，跟著他們身後走，輕鬆吹著口哨。

葡萄長藤輕輕地搖曳著。我想像魏格納和妻子艾爾莎正在沐浴著陽光的畫室裡喝茶。然後我就開始書寫，不是寫科學而是寫人心。我熱烈地寫著，像個學生坐在書桌前，整個人趴在作文簿本上，不按老師的規定寫作業，她愛怎麼寫就怎麼寫。

雕像細部，聖馬利安和聖尼可萊教堂。柏林。

・到拉臘什之路・

愚人節這一天，我百般不情願地著手準備另一次旅行。我受邀參加一個在坦吉爾舉行的詩人與音樂家大會，要我在大會中向曾經把坦吉爾寫入作品中「垮掉世代」作者致敬。我其實更想待在洛克威海灘，跟工人們一起喝咖啡，看著小房子修復工程緩慢且充滿意義地展開。但如果我去參加大會，就能跟一些好朋友碰上面。而且四月十五號正好是尚．惹內的忌日，我正好可以把聖洛朗監獄撿來的石頭送到他在拉臘什的墳墓，那地方距離大會活動地點只有六十英里。

保羅．鮑爾斯曾說，坦吉爾是過去與現在比例恰當並存的地方。這個城市內在有種脈絡隱藏著，明明是要歡迎你，卻又隱隱帶著一絲不信任。我先是透過他的作品看到了坦吉爾，之後則透過他的眼睛。

第一次被人介紹給鮑爾斯的方式，是完全意想不到的那種。一九六七年夏天，就在我離開老家不久剛到到紐約市時，有一天途經一大箱打翻散落在馬路上的書，其中有幾本滾過了人行道。落在我腳前的是一本打開的舊版《美國名人錄》（*Who's who in America*）。我彎身一看，一張照片映入眼簾，寫著保羅．菲德列克．鮑爾斯。之前我從沒聽說這個人，但我立刻注意到我們的生日是同一天，十二月三十號。我相信這是個預兆，就把那一頁順手撕下來，之後還去把他的書找來看，第一本就是《遮蔽的天空》（*The Sheltering Sky*）。我把他所寫的甚至他翻譯的書都看過，還因此認識了穆罕默德・姆拉貝和伊莎貝拉・艾伯哈特的作品。

三十年後，一九九七年，德文版《風尚》雜誌請我到坦吉爾專訪他。我當時對這項任務情感混雜，因為他們說鮑爾斯正在生病。不過他們也向我保證鮑爾斯毫不猶豫就接受了邀請，所以我走這趟並不算打擾他。鮑爾斯住在一個沒什麼特色充滿五〇年代那種摩登建築的住宅區，安靜街道上一棟三間房的公寓裡。進門處大大小小歷盡滄桑的旅行箱堆高成柱！牆上和走廊一排一排都是書。有些書我知道，還有一些我希望將來能認識。他從床上撐著坐起來，身穿格子呢花紋睡袍，我一走進房感覺他整個人亮了起來。

我蹲下身，想在不太好的空氣當中找個較理想的位置。我們聊起他已過世的妻子珍，她的精神還無所不在充斥在房中。我坐在那裡扭著兩條辮子，說起關於愛的話題。但我懷疑他有沒有真的在聽。

——你最近在寫作嗎？我問他。

——沒有了，我已經不寫了。

——那你現在覺得怎麼樣？我問他。

——空虛，他回答。

我給他點時間稍微整理思緒，自己走上樓到天井露台。院子裡並沒有駱駝，也沒有灑滿北非大麻粉的粗麻布袋，更沒有摩洛哥大麻煙管豎立在瓦罐邊緣。有的只是水泥砌成的屋頂俯視著他處更多的屋頂，視線所及都是一行一行的穆斯林，他們穿行在坦吉爾藍天下寬廣的土地上。我把臉湊近貼上一條晾曬中仍帶著濕度的床單，想緩解這裡令人窒息的酷熱，但我馬上就後悔了，床單上的碰觸痕跡馬上破壞了它原有的平整。

我回到他旁邊。只見他的睡袍已經滑落腳邊，床邊擺了一雙快穿壞的皮拖鞋。名叫卡林姆的摩洛哥年輕人親切地為我們端上茶，他就住在走廊的對面，常常來看看保羅有沒有好好吃睡。

保羅談到他曾經有一座島，但是現在已不再去探看，音樂也不再彈，還有一些會唱歌的鳥現在已經絕種。我看得出來他也累了。

——我們同一天生日耶，我跟他說。

他慘淡地笑了笑，大大圓圓的眼睛閉起來。這個專訪也接近了尾聲。每樣事物都在訴說什麼。照片說出歷史，書籍說出字面意思，牆壁迴盪出聲響。時代精神就像乙醚，升起時能形成一片華麗裝飾音，冉冉落下之際，轉為輕柔仁慈的面具。

——保羅，我要走了。我會再回來看你。

他睜開眼睛把那隻長長布滿了皺紋的手放在我手上。

如今他已不在人世。

我抬起書桌的上蓋，找出那個用弗雷德手帕包好的超大型吉丹火柴盒。過去這二十幾年來，我不曾將它打開。裡面的石頭依然好好的，上面還附著了一點一點的監獄泥土。看到這些石頭睹物思人的心情傷口又被劃開，該是把這石頭送出去的時候了，雖然不是我原來設想的方式。我寫信告訴卡林姆說我會來。那年我們第一次在保羅的公寓裡碰面時，我就跟他說過這些石頭的故事，他當時答應我只要時間可以他會帶我去拉臘什的基督徒墓園，葸內下葬的地方。

卡林姆很快就回覆，好像當年我們說好的事情才剛剛發生。

——我人在沙漠裡，不過我會找到你，然後帶你去找葸內。

我就知道他會守信。

我把相機清乾淨，連同幾包底片放在一起，用一條印度式的扎染印花大手帕包起來，放進襯衫和粗布工作褲之間。這趟旅行我帶的行李比以往都輕便。我跟眾家貓咪說再見，把那個火柴盒塞進口袋，然後就離開。同行的藍尼．凱和東尼．薛納漢帶著他們的傳統吉他跟我在機場碰面——這是我們第一次一起去摩洛哥。早上在卡薩布蘭加就有人來接，不過這輛大會專車在開往坦吉爾的半路上就拋錨了。我們坐在路旁聊著一些關於威廉和艾倫，彼得和保羅的故

與保羅・鮑爾斯（Paul Bowles）合影，坦吉爾，1977年。

事，我們這些「垮世代」的使徒們。很快我們改搭上一輛生氣勃勃的巴士，車上的收音機刺耳地播放著法語節目和阿拉伯語，一路超越一輛殘障人士騎的腳踏車、一頭被絆倒在地的騾子還有一個膝蓋受傷的小孩，他正在刷理膝蓋傷口上的小石頭。其中一個女乘客，一隻手提著好幾個購物袋，不斷騷擾司機。最後司機終於把巴士停下來，有些乘客就趁機下車到便利商店去買好幾罐可口可樂。我剛好探出頭，看見店門上面用北非庫法字體寫著「書報亭」。

我們住進「林布蘭旅社」，多年來許多作家都曾在這裡落腳，田納西．威廉斯、珍．鮑爾斯。有人來發給我們黑色的筆記本，上面用綠色字體印著坦吉爾大會，並發了證件——威廉．布洛斯的臉疊蓋在布里安．吉辛的臉上——這個圖像來自他們兩人合寫的《第三心靈》（*The Third Mind*）。大廳就像個同學會據點。詩人安．瓦德曼和約翰．喬諾；巴奇爾．阿塔以及他帶領的「佳角卡大師音樂家群」（Master Musicians of Joujouka）；音樂家藍尼．凱和東尼．薛納翰；「城市老鼠樂團」的亞倫．拉哈那，他們從巴黎飛過來；柏林來的電影製作人弗利德．徐樂齊，還有卡里姆從沙漠中自己開車過來。我們站在那邊互相看著彼此好一陣子——都是些「垮世代」遺留在世的孤兒。

每天傍晚，我們集合起來為觀眾朗讀或者舉行座談。當我們朗讀這些致敬對象的作品時，有人就把先師們穿過的大衣一一送進場，我興奮地看著。到了夜上，音樂家們現場即興創作，蘇非派的苦行修士就原地轉起圈圈。藍尼和我重返無價的友誼所打造的熟悉節奏中。我們認識彼此超過四十年，常常一起交流共同讀的書、看過的舞台劇，我們倆出生在同一個月份而且同一年。我們都曾經想去坦吉爾工作，想隨性自足、不發一語、漫無目標地遊逛這個阿拉伯城。蜿蜒曲折的後街小巷，處處灌滿了金黃色陽光。我們都曾抱著宗教激情追隨這道光，到後來我們理解到自己其實都是在繞著周而復始的原路轉。

完成任務後，夜裡剩下的時間我們就在「穆萊哈飛滋宮」（Palais Moulay Hafid）聆聽「佳角卡大師音樂家群」的演奏，之後聽達爾．葛那瓦的表演。他們興致高昂的音樂引得我翩然起舞；我被一群比我兒子年輕的男孩們圍繞著跳舞。我們以一種相似的風格舞動身體，他們身上有一種隨性創造和流動性的靈活，讓我只能在一旁敬畏驚嘆。第二天早上我在路上散步，看到其中幾個男孩正在廢棄電影院前抽著煙。

——你們起得這麼早，我說。

他們都笑了。

——我們是還沒睡。

活動的最後一個晚上，出現一個體型不高但是一出場就吸引所有與會者的傢伙，他穿著縫金線的白色寬袍，走進大家聚集的地方。那位正是穆罕默德．

姆拉貝（Mohammed Mrabet），所有的人都站起來，他和摯愛的朋友們互相遞著大麻煙管抽，他們準確的律動感從袍子的疊褶就能感覺出來。他年輕的時候坐在桌邊講故事給保羅．鮑爾斯聽，鮑爾斯把這些故事一一翻譯成英文，讓黑燕出版社（Black Sparrow Press）出版。這一系列奇妙的故事例如《海灘咖啡館》曾讓我坐在「但丁咖啡館」裡一讀再讀，一邊夢想著要開間自己的咖啡館。

——你明天想要去「海灘咖啡館」嗎？卡林姆問我。

我從沒想過這家咖啡店居然還真的存在。

——是一家真的咖啡店嗎？我問他，有點不敢相信。

——是啊，他笑著說。

到了早上我跟藍尼在巴士德大道上的「巴黎格蘭咖啡」碰面。我曾經看過惹內和作家穆罕默德．齊克力在裡面喝茶的照片。店裡的裝潢看起來很像六〇年代早期的自助餐廳，但是完全不供餐，只能喝到茶和即溶咖啡。雕刻的木板條牆，棕色的繃皮椅座，酒紅色的桌巾，和沉甸甸的玻璃煙灰缸。我們坐在一個曲面的角落自在但無話可聊，眼前都是寬闊的窗戶，我們就坐在那裡看著街上的人來人往。我的即溶咖啡送來，是一包軟管附上一杯熱開水。藍尼點了茶。幾個男人聚在一張國王的畫像底下抽煙，畫像裡的國王拿著一根釣竿和令人印象深刻的漁獲。綠色大理石牆上有個鐘，形狀像個大白鑞太陽在一個不存在時間的國度裡為我們送上時間。

藍尼和我開著車沿著海岸到那間海灘的咖啡館，車上還載著卡林姆。店似乎已經關門，海灘也荒廢著，像牛仔待的那地方。卡林姆走進店裡找到一個男人，他只好很不情願地幫我們沖了薄荷茶。他把茶端到外頭放到桌上，然後就進屋裡。海岸旁，一片峭壁遮掩住姆拉貝所描述的隱密空間。我脫下鞋子捲起褲管，涉進海水中，這是個我透過他的書才知道的地方。

我在太陽下把溼了的衣物曬乾，然後喝了些茶，茶泡得非常甜。可以坐的地方很多，但我獨鍾那靠在黑莓果灌木叢旁一組裝飾華麗的白色塑膠椅。我拍了兩張照片然後把相機給藍尼，讓他幫我拍我坐在椅子上的照片。回去坐到沒有幾呎遠的桌子旁邊，我迅速撕下相片表膜；我對我拍的那張椅子的構圖很不滿意，想回頭再補拍一張，可是椅子已經不見了。藍尼和我都很驚訝。我們附近一個人也沒有，那張椅子就在很短的時間內消失了。

——這真是瘋狂，藍尼說。

——這裡是坦吉爾，卡林姆說。

卡林姆走進咖啡店，我跟在他後面。店裡空無一人。我把我拍的白色椅子照片放在桌子上。

——這也是坦吉爾，我說。

我們沿著海岸聽著浪聲和聲音大得不可能聽不到的蟋蟀聲，一路開著車。開過一段塵土飛揚的路面和幾個刷白牆的村莊，以及零零星星開著黃花的沙漠。卡林姆把車停在路邊，我們跟著他走到姆拉貝住的房子。正要從小山丘往下走，一群失控的山羊迎面爬上坡來。牠們為我們稍微散開，接著把我們整個包圍起來。主人不在，倒是山羊出來迎賓了。開回坦吉爾的路上，經過一個牧人領著一頭駱駝和牠的小駱駝，我便搖下車窗，向他大叫：

——這頭小的叫什麼名字？

——牠叫吉米．罕醉克斯。

——好耶，我從昨天到現在都醒著！

——好耶，這是阿拉的旨意！他也大叫。

我起了個大早，把火柴盒塞進口袋裡，然後去「巴黎咖啡館」喝最後一杯。有點無法投入覺得很奇怪，我一直在想自己是不是進行著一項沒有意義的儀式。惹內早在一九八六年的春天就過世了，早在我能夠完成任務之前走了，而這些石頭放在我的書桌裡已經超過二十年。我又點了一杯即溶咖啡，回憶過往。

當年聽到消息時，我正坐在廚房小桌旁，坐在卡繆照片下方。弗雷德把手放在我的肩膀上，然後走開讓我自己好好想一想。我當時感覺到後悔，因為我遲遲沒有前去致意，但事已至此也無法彌補，只能希望自己未來能把這件事情寫出來。

那一年四月初，惹內和他的伴侶傑奇．馬格利亞從摩洛哥到了巴黎，他是去修正出版商的校樣，這本書即將成為他的最後一本。他平常到巴黎下榻的地方「魯本斯旅館」這回不讓他住，因為有個夜班人員不認得他，看他外表像流浪漢，很不能接受。他們只好走入外頭滂沱的大雨中，再去尋找其他落腳的地方，最後終於住進了「傑克旅社」，一家靠近義大利區當時搞不好連一星都算不上的旅店。

就在這個比單人囚室好不了多少的房間裡，惹內全神貫注地看書稿。雖然末期的咽喉癌讓他頗受折磨，但是他盡量不吃止痛藥，決心維持清醒，不受藥物影響。他這一輩子都在吃巴比妥鹽類的安眠藥，這一刻他卻極力避免，除非非常需要，為了讓書稿趨近完美他克服了肉體上所有的疼痛。

四月十五日，惹內孤零零地死在這個臨時找的旅社小房間浴室地板上。他當時可能是想爬上一小級階梯，好回到房間裡。擺在房間小桌上的是他留給世人的遺贈，他完好無缺的最後作品。就在同一天，美國去轟炸了利比亞。曾有傳言說哈納．格達費，也就是格達費上校的養子，就是死於這一場突襲轟炸。當我寫下這段往事，我想像著那位無辜的孤兒帶領這位孤兒出身的小偷，雙雙進入天堂。

我的即溶咖啡都早就涼了。我示意要再點另一杯。這時候藍尼到了，他點了茶。這個早上一切都成了慢動作。我們靠向後坐，對著這整個空間張望，我們所敬愛的作家們曾經花上許多個小時在這裡交談。他們都還在這裡，我們都是這麼想，然後一起走路回旅館。

卡林姆已經被叫回沙漠，弗里德安排了另一位司機載我們全部的人去拉臘什。我們共有五個人——藍尼、東尼、弗里德、亞倫和我——全都想去尋求惹內的垂青。這回身邊都是朋友，我無法感受那種深深的孤寂或是那種我竭盡所能想要消除的煩人心痛。惹內已死，不屬於任何人。我所認識的弗雷德，一路帶著我到聖洛朗去撿這幾顆小石頭的弗雷德，卻還屬於我。我曾經尋求卻無法感受這一點，於是只好沉回到記憶的遺跡中直到找著他。穿著卡其色的衣服，他的長頭髮被剪短，獨自一人站在高長的草地和下垂的棕櫚樹間那片矮樹叢中，我看到了他的手還有手腕上的錶。我看到了他的結婚戒指和腳上的棕色皮鞋。

快要到拉臘什市時，靠近海洋的感受陡增。這裡本來是個老舊漁港，距離古代腓尼基人留下的遺跡並不遠。我們在一個靠近碉堡的地方停車，一路爬上山到達墓園。有個老婦人跟個小男孩，彷彿一直在那裡等著，幫我們把門打開。墓園有一種西班牙的感覺，惹內的墳墓朝向東方俯瞰著海。我把墳墓四周圍的碎片稍作清理，把枯萎的花束和細樹枝移開，還丟掉一些碎玻璃，然後我用瓶裝水清洗墓碑。那個小孩就在一旁聚精會神地向我看。

我把我想說的話都說了，然後把水倒在地上，挖了一個深洞，把石頭都填進去。當我們把帶來的花擺上去時，我們可以聽到遠遠的呼拜聲叫喚世人去祈禱。那個男孩靜靜地坐在我埋下石頭的地方，把花瓣一片一片的拔下來，灑在他的褲子上，用他睜大的黑眼睛看著我們。離開之前，他拿給我一個本來是絲綢做的玫瑰花苞，粉紅色澤已褪，我把它放進火柴盒裡。我們給那位老婦人一點錢，接著她去把門關起來。男孩看到這群陌生的玩伴要離開，顯得很難過。回程時我無精打采，不時看著拍下來的這些照片。有一天我會把惹內墳墓的這些照片放進盒子，跟其他人的墳墓照放在一起。但是我心裡知道，玫瑰的奇蹟並不是指這些石頭，照片裡也看不到。那個孩子守護著的囚室，那才是惹內真正無法逃脫的愛。

惹內之墓，拉臘什（Larache）的基督徒墓園。

父親節，密西根安湖。

·被覆蓋的地面·

紀念日很快就要到了。我想去看我的小屋，我的「阿拉莫」，無論火車開不開。上回那個巨大的暴風雨摧毀了廣渠站的鐵橋，沖掉了超過一千五百英尺的鐵軌，完全淹沒了A線上的兩個車站，需要大規模的工程修復，沿線的信號，開關和電路才能啟用。這種情況下就算不耐煩也無濟於事。事實擺在眼前就是有個巨大艱苦的任務亟待完成，就像要把比爾·門羅（Bill Monroe）打碎的曼陀林琴一片片重新拼起來。

我打電話給朋友溫瞿，他是這項緩慢修復工程的監工，問能不能搭他的便車到洛克威海灘。這天雖然出了太陽，但氣溫卻不合季節的冷，我穿著舊的水手短外套戴上針織帽。因為時間還很早，我便到熱食店買了大杯咖啡坐在門前階梯上等著他。天空除了幾朵飄過的雲，一片晴朗。看著這些雲，腦子裡就回到多年前的北密西根，另外一個紀念日，在特拉佛斯市。弗雷德當時正在天上飛著，我們的小兒子傑克森和我正沿著密西根湖散步。湖邊沙灘上有人丟棄了幾百根羽毛，我用印地安毯子舖在地上躺下來，拿出筆和筆記本。

——我要來寫點東西，我跟他說。那你要做什麼？

他用眼睛把附近仔細瞧一遍，最後視線停在空中。

——我要來想點東西，他說。

——好呀，想跟寫很像。

——對，他說，因為完全都在腦子裡。

他那時才快要四歲生日，我對他的觀察能力覺得很不可思議。我在那邊寫，傑克森在一旁想，弗雷德在天上飛，我們三個人以一種各自專注的方式彼此連結著，就這樣過了快樂的一天，等到太陽要下山，我把東西收拾起來，順便撿了一些羽毛，傑克森跑在我前面，滿心期待著爸爸待會兒回家。

即使到了現在，他爸爸都過世了差不多二十年，傑克森已經變成一個大男人，都有了自己的孩子要等他放學，我仍然會想起那個下午。密西根湖的強浪打上了岸邊，把海鷗換羽留下來的毛棄置一旁。傑克森小小的藍鞋子、不太說話的樣子、水蒸氣從裝了黑咖啡的保溫瓶裡冉冉上升，還有天空中逐漸聚集的雲，這些我想弗雷德也會從他開的「派珀切諾基」小飛機駕駛艙窗戶裡瞥見。

——你覺得他能夠看見我們嗎？傑克森問我。

——他一定都能夠看見，乖兒子，我回答說。

影像自有一套逐漸消失又瞬間顯現的方式，與它們相連的歡樂或痛苦也會跟著從記憶中被拉出，就像老式的結婚禮車後，鏗鏗鏘鏘拖著一起走的馬口鐵罐頭。海灘旁的空地上有條黑狗、弗雷德站在靠近聖洛朗監獄門口髒兮兮的棕櫚樹蔭中、那個藍黃花色的吉丹火柴盒，用他那條手帕包著，然後傑克森跑向前，在淺色的天空中找爸爸。

我跟溫瞿順利坐上了來接我們的卡車。我們沒有多說什麼，兩個人各自想著自己的事情。路上沒有什麼車，大約四十分鐘後我們就到了。我們跟他同組裡的其他四個人碰面，都是一些對修復任務在行且辛勤工作的人。海邊鄰居的樹都死光了，這些樹有如我自己的一樣。巨大的暴風雨湧進時淹沒了街道，大部分的植物因而死亡。我到處檢查，長滿了黴菌的硬紙板牆隔出來的小房間損壞嚴重，不過再往前那個有百年歷史的拱形天花板大房間倒是還好好的。本來就壞的地板已經被拆掉。看來修復工程已經有一些進展，現場呈現了一股欣欣向榮之氣。我坐在臨時搭的台階上，這裡整修好時會變成我的門廊，前面會有一小塊地種上野花。但我不免會擔心這一切到底能夠維持多久，也許我需要有人來提醒我所謂的永久其實非常短暫。

我穿過馬路走向了海。一支剛組成的海岸巡邏隊驅趕我離開。他們正在原來木板步道的所在地挖溝疏濬。查克的咖啡館曾短暫地開在上面的沙色區域，這地方現在政府正在翻修，被漆上淡黃色和明亮的藍綠色，抹去原本吸引外來遊客的天然。我只能希望這些誇張活潑的色彩能在陽光底下及早褪淡。我繼續往前走，想找另一條通路去海灘，想把雙腳浸溼，然後再去這邊碩果僅存的墨西哥薄餅捲攤上買一杯咖啡外帶。

我問有沒有人看到查克。

——咖啡就是他煮的，他們告訴我。

——他在這邊嗎？我問道。

——他在附近某個地方。

頭頂上的雲層繼續漂浮移動，記憶中的雲層。噴射客機正要從甘迺迪機場起飛，溫瞿把他的工作完成後，我們再度上了卡車，穿過隧道往回頭路開。沿途經過機場，還要過橋，然後才進入市區裡。我的粗布工作褲剛剛因為下過水，這時候都還沒有全乾，捲起的褲管上沾黏了泥沙，這下子都落到車子地板上。咖啡喝完後，剩的空杯我卻捨不得丟。我突然覺得這可以為我保存一點什麼，伊諾咖啡的曾經、如今已不在的木板步道，或是這個塑膠杯上印的小字體能讓我想起來的任何東西，就像運用蝕刻技術在一根針頭上雕刻的詩篇第二十三章。

弗雷德過世時，我們選在當初結婚的底特律水手教堂替他辦告別式。每年的十一月，當年幫我們證婚的英格思神父會在教堂里裡辦一個紀念儀式，緬懷當年「愛德蒙・費茲傑羅號」上的二十九位跳進瑟皮里奧湖船員，儀式最後會敲擊沉重的「友愛鐘」二十九響。弗雷德在世時，這個儀式深深打動他，所以當他的告別式跟這個紀念儀式同時舉辦時，神父允許儀式上的花和船模型可以留在講台上。典禮由英格思神父主持，這時他會把脖子上本來的十字架項鍊墜改成一根船錨。

舉辦告別儀式那天晚上，我弟弟陶德到樓上來找我，我還躺在床上。

——我沒有辦法去，我告訴他。

——你非去不可，他堅定地說，然後把我從有氣無力中搖醒，幫我穿上衣服，載我去教堂。我在車上想著儀式上要說些什麼，收音機裡傳來What a Wonderful world這首歌。以前每次聽到這首歌，弗雷德就會說，翠西亞，這是你的歌。為什麼這首會變成我的歌呢？我會抗議。我甚至根本不喜歡路易斯·阿姆斯壯啊！但是他堅持要說這首歌是我的。現在聽到歌聲，感覺像是弗雷德給我的暗號，於是我決定了，要在儀式上以無伴奏人聲合唱的方式唱「美好的世界」。現場唱的時候，我感受到了音樂中簡單的美好，只是我仍然不明白為什麼他要把這首歌跟我連在一塊。這個問題我當時沒問現在已經來不及了。現在這首歌屬於你了，我對著揮之不去的空蕩說著。如今這個世界不再有奇蹟，我也不再狂熱地寫詩句。弗雷德的精神已經不在我前方，我也無從感受跟他一起旅行的那種天旋地轉。

那之後的幾天我弟弟一直陪著我。他答應孩子們需要他的時候他都會在，還說放完假以後還會再回來。一個月之後，他忙著包聖誕禮物寄給他的女兒，突然中風離世。陶德這突然的死，緊跟在弗雷德過世之後，對我來說簡直無法接受。這個打擊讓我整個人麻木，每天我就花好幾個小時坐在弗雷德最喜歡的椅子上，害怕去想像。有時候我會站起身來做一點小事情，專注到好像自己被冰霜包裹囚禁起來，完全無法發出聲音。

最後我離開了密西根，帶著孩子回到紐約。有一天下午過街，我發現自己正在哭，只是無法確定這些眼淚是為了誰。那一刻，我心裡黑暗的石頭，彷彿被秋色賦予了溫度，開始無聲地脈動，像一塊煤在壁爐中被引燃。誰在我的心裡呢？我真的很想知道。

我想起了陶德平常愛開玩笑的模樣，接著當我繼續往前走，慢慢想起他的特色，同時也是我自己的——一種與生俱來的樂觀。漸漸地我生命的葉子變了色，我看到自己對著弗雷德指出簡單的事物，藍色的天空，白色的雲，想揭開悲哀常駐的面紗。我看見他淺色的雙眼專注地看進我的，想用他堅定的凝視捕捉我呆滯的眼神。光光是那些我就寫了好幾頁，讓我充滿了痛苦的渴望，只好把它們丟進我心裡的火焰中，像果戈里一頁一頁把《死魂靈第二集》的手稿燒掉那樣。我也把它們全燒光，一頁又一頁；它們沒有成灰燼，也不會冷去，只是散放著人類同情心的溫暖。

·林登如何殺掉心中所愛·

林登以輕盈的步伐跑著，速度挺快。她停下來，靠近草原中央一棵形狀完美的樹。她簡直無所不能，除了一個致命的罩門、她的阿基里斯腱——詹姆士·史基納探長，她的上司，她得不斷抑制自己對他的想望。他們兩人曾經是工作上一起行動的夥伴，同事們看不到的私人時間裡也上過床，不過那似乎早就被他們雙雙拋在腦後。然而任何時候只要他在場，她的臉上就會掠過一抹陰暗。跑步結束接近家門時，她驚訝地發現他再次站在門口等。兩人之間距離頓消，史基納像個人一樣出現，林登靠近他，在史基納懷裡她就像回了家。

硬幣在地面上轉著快落定，到底會是哪一面朝上已經無關緊要。頭朝上是你輸，字朝上也是你輸。但林登沒有注意到這個徵兆，她一心相信自己走了好運，在愛與工作之間，史基納和她的警徽之間，找到完美平衡點。晨光照亮了她腦後用橡皮筋綁起來的玫瑰金髮。被害者們的側影被做成一連串展開的紙娃娃，片刻之間被他們所重新燃起的火焰燒為烏有。

日出日落，又發現一個燒焦的屍體，找不到有用的線索，只有一只戒指箍緊她的喉嚨。史基納和林登兩人向愛情投降，對彼此展露真實的自我。但在他的眼中，她突然看到其他眼神，灰色深淵的恐怖。透過驗屍報告追蹤，泥土透出真兇，她的髮帶浸泡在可恥的罪刑中。

雨從莎拉·林登藍眼睛的天空不停地下。謀殺罪嫌被清洗。動用所有上帝賦予她的技巧，她發現連續殺人的真兇，史基納，她的師傅也是她的愛人。

侯德，她真正的知己，比她晚一步把所有的跡象拼湊起來。出於直覺的通情達理，侯德追蹤著她的一舉一動。跑過一路的暴雨，他追蹤他們到史基納不為人所知的湖邊小屋。戀人們幽會的承諾如今變成了勢不可擋的正義執行。林登感覺到漂浮在死者之間她那所剩無幾的快樂。她將會以充滿了同情的態度處決史基納，不管侯德怎麼求她。侯德行事小心步步為營，她則全憑衝動不顧一切。他驚恐地看著林登扣板機，結束了史基納路邊垂死小牛般的悲慘處境。

看到這裡我呆掉了，只能低下頭。我完全融入侯德的內在，一心一意想盡辦法要解讀出她的行動，預知她的未來。喝空了的熱水瓶還擺在床邊，環繞著我的是第三十八集大事不妙的氣氛。沒有多久之前，我才被迫勇敢面對史上最殘酷的預告片：接下來不會有第三十九集。

《殺戮》這一季到此全部播畢。

林登在劇中一樣接一樣地失去了所有，如今我也要失去她。某一家全國性的電視網就這樣硬生生結束了《殺戮》。他們說要播一個新的電視影集，是另一個全新的警探故事。然而我還沒有準備好讓她走，我自己也不想忘卻。我想看林登測量整個湖的深度，搜尋那些女人的骨頭。面對這些看似由選台器決定存在或消失的節目，我們到底該怎麼想，我們對他們的熱愛不亞於十九世紀的詩人、可愛的陌生人，或是艾蜜莉·勃朗特筆下的人物。當我們覺得那些節目中的角色就是自己的一部分，只不過須要到另一個時空去相會，那我們該怎麼忍受沒有節目的日子？

所有人還在地獄邊緣。黑水中升起痛苦的呻吟，被粉紅色的工業塑膠袋纏綑的死者等待著他們的英雄——湖邊的林登。但是她被降級了，變成只能配槍到街上淋雨站崗。她幹了不可饒恕的事情，到頭來甚至得交出警徽離開這一行。

一個電視影集會有它自己的道德現實。我一邊踱著步一邊發想這個影集可以有一個副產品：失物幽谷中的林登。影集開頭，螢幕上先出現黑水圍繞著湖上的小屋。這個湖形狀看起來就像一個生病的腎臟。

林登凝視眼前深不可測的湖水，湖面下躺著可憐的殘骸。

這個世界上最寂寞的事，就是等著被人發現，她說。

侯德，因為太悲傷又睡不著，整個人陷入麻木，他等在那輛同樣的車裡喝著同樣的冷咖啡，坐得戰戰兢兢直到她打了信號，然後他又回到她身邊，一起冒險辦案。

一星期又一星期，被害者的故事一一被揭開。侯德會把噴濺出來的血液和案情連結起來；而她則會拔除那些春天的雜草。林登的樹林裡將會瀰漫著檸檬的香氣，每位遇害的女孩將在此被淨化救贖，但是誰來解救林登呢？難道殷勤的女傭就可以幫她把不再純淨的內心清乾淨？

畫面上林登奔跑著，突然她停了下來面對攝影機。她就像個法蘭德斯的聖母，雙眼卻放出森林裡跟惡魔睡過女人那種光芒。

一切都已被剝奪，剩下的亦不重要。她當時是為了愛。現在目標只有一個：把失蹤的找出來；把死者身上層層的樹葉撥開；光線照到，答案就能找到。

·失物幽谷·

弗雷德有一個牛仔，是他整團騎兵隊裡面唯一的牛仔。

這牛仔是用紅色的塑膠材質灌模鑄成，有一點點弓形腿，作勢正要射擊。弗雷德把它取名叫瑞迪。夜裡睡覺時，瑞迪不跟著弗雷德小城堡裡的其他份子一樣被放進紙箱，它被擺在床邊矮書架上，好讓弗雷德能看到它。有一天母親打掃他的房間時在書架上撣灰，一不注意瑞迪掉了下來，然後就這樣不見了。弗雷德找了好幾個星期，但是所有地方都找遍了就是沒找到。之後每當躺在床上他就會小聲喚著瑞迪，每次在房間地板上組裝城堡的千軍萬馬，他總覺得瑞迪就在附近，在呼喚他。他感覺那不是他自己的聲音而是瑞迪在呼喚。弗雷德認為瑞迪後來變成我們共同的財產，它在失物幽谷中有自己獨特的地位。

幾年之後，弗雷德的母親清理他的舊房間，發現地板狀況實在太糟，需要更換幾塊板子。舊板子拆開來的時候，各種各樣的東西一一出現。在這些蜘蛛網、硬幣和幾坨樣子變得很恐怖的口香糖中，瑞迪就躺在那裡，當時不知怎麼搞的就掉進了一個夠寬的縫隙，在視線之外一個男孩的小手也沒有辦法搆到的地方。他母親把瑞迪送還給他，弗雷德就把瑞迪擺在書架上，他隨時能看到的位置。

有些東西能從幽谷中被叫回來。我相信瑞迪當年呼喚過弗雷德，我相信弗雷德聽到了。我相信他們彼此心有靈犀。有些東西則不是遺失，它們是被獻給了誰。我看見我的黑外套在失物幽谷裡隨意放在土堆上，一個走投無路的皮小子順手拿走了它。最後會落到某個好人的手上，我這麼告訴自己，比方像《第五號屠宰場》裡的比利．皮爾格林。

失去的東西會難過地想返回失主身邊嗎？電子羊會夢到洛伊．貝提嗎？我那件舊外套，滿是謎樣的破洞，它會記得我們在一起時的豐美時光嗎？一起睡在維也納到布拉格的長途巴士上，晚間在歌劇院、海邊的散步，見了維特島上史雲朋（Algernon Charles Swinburne）的墳墓，巴黎的拱廊商店街，盧瑞的大山洞，布宜諾斯艾利斯的咖啡店。人類的經驗纏在它的鬚線上。有多少首詩曾經從它破損的袖口汩汩流出？我只是離開你一眼，受到另一件更溫暖柔軟的外套吸引，但我並不愛另外那件外套。為什麼我們會失去鍾愛的東西，而我們變不在乎的那些卻始終都在，甚至當我們離開這個世界，它們還被當成衡量我們價值的標準？

這時候我突然想到，也許是我把我的外套給吸收了。我應該心懷感激，我的外套有這麼大的力量卻並沒有吸收我。不然我就會像那些遺失了的東西一樣，被隨手扔在椅子上，顫動了一下，渾身到處都是洞。

我們所失去的最後都回到他們原屬的地方，回到他們絕對意義上的起點：十字架回到它原來生長的樹，紅寶石回到它們印度洋裡的家。我的那件外套，由優質的羊毛製成，返回紡織機，最後回到一頭羔羊身上。這是一隻黑羊，有一點離群不羈，在山邊吃著草。我想像羔羊要是睜眼看天，某一個時刻也許發現那些雲朵彷彿牠們同類毛茸茸的背。

月亮圓圓的低掛在天際，就像馬車輪，圓月投映在拉法葉大街上的玻璃樓面中，兩旁是高高的雙塔，街上有個小廣場，還有讓人一眼難忘的畢卡索馬尾女孩。我梳洗完畢把頭髮編成辮子，將床上成排的咖啡罐子移開，隨便擺幾本書和筆記散頁，靠著牆整齊疊成一堆一堆，還把我的愛爾蘭亞麻布從一個木頭箱子裡移開，床單床罩全部更換。本來用來罩著布蘭庫奇那些照片免得被太陽曬得褪色的薄紗也全部移開，換上夜拍的照片內容是史泰欽的花園裡一根沒完沒了的圓柱和一顆巨大的大理石淚珠。我想要在關燈之前再看著這些東西一段時間。

我夢見我在某個地方，但那裡什麼地方都不是。看起來像是來禮市的一條大道，跟一條一條小型公路交叉。附近都沒有人，然後就在這一刻我看見弗雷德在奔跑。他平常很少跑步，做事也不喜歡匆匆忙忙。就在同一個時間，一樣東西咻地一聲超趕過他，那個東西的側邊有一個輪子，就像個活的東西一跑就橫越了公路。這時，我看見那個東西的臉——一面沒有指針的時鐘。

我醒來時，天還沒亮。我繼續躺了好一段時間，把剛剛做的夢重新回味，感覺好像有些別的夢堆在這個夢的後面。我慢慢開始回想整個過程，用望遠鏡向後看，好把這些一閃而逝的片段縫合。剛剛我還高高的在山上，深信不疑地跟著我的嚮導沿著一條狹窄彎曲路而行。我注意到他有一點蘿蔔腿，就在這個時候他突然停了下來。

——看，他說。

我們面對著一個很高很陡的下降坡。我不能動彈，受到眼前空無一物這種非理性的恐懼所控制。他很有自信地站著，我連好好地踩穩都有困難。我想伸手去碰他，他卻轉身離開。

——你怎麼可以把我丟在這裡？我哭著說。我要怎麼回去？

我叫他，他卻不回答。當我想移動的時候，地上就鬆動，石頭都蹦開。我想不出除了掉下去或者飛起來，還有什麼辦法能讓離開。

就在這個時候有形的恐怖解除了，我站回地上，眼前是一座低矮的白漆建築物，有一扇藍色的門。一個穿著滾邊白襯衫的年輕人走向我。

——我怎麼會在這裡？我問他。

——我們打電話給弗雷德，他說。

我看到兩個人開著一輛缺了個輪子的舊卡車在附近徘徊。

——你想要喝點茶嗎？

——好呀，我說。他跟旁邊的人比了比手勢。其中有一個人到裡面去張羅泡茶。

他在一個火盆上煮了水，然後將水沖進茶壺，加了點薄荷端過來給我。

——想不想吃一塊藏紅花蛋糕？

——可以，我說，突然間就餓了起來。

——我們見你遇到危險。只好出手干預，打電話給弗雷德。他把你掃上去然後把你搬到這裡來。

他人都死了，我心裡想。這怎麼可能？

——這整件事你需要付一點費用，那個年輕人說。十萬迪拉姆。

——我不敢確定我有沒有這麼多錢，不過我會想辦法湊到。

我伸手摸口袋，裡面塞滿了錢，正好就是他要的數目，不過這時候場景又換了。我一個人走在石頭路上，四周都是白石灰山。我停下腳步想釐清剛剛到底都發生了些什麼。弗雷德在一個夢裡面救了我，突然間我又回到高速公路上，我看到他隔著一段距離正在追著臉部是沒有指針時鐘的輪子。

——追上他，弗雷德，我大聲地叫。

然後那個輪子跟一大堆失去的東西撞在一起。輪子往側邊倒下，弗雷德跪下來將手放上，然後他的臉上閃現一個燦爛的微笑，絕對是開心的微笑，從一個沒有開始也沒有結束的地方。

沙漠上的火車軌道，納米比亞（Namibia）。

・正午時刻・

我的父親出生在「伯利恆鋼鐵製造廠」興起的年代，在正午的笛聲吹響那一刻。他就這樣出生了，像尼采說的一樣，那是一個指定的時刻，這一刻誕生的人們會得到一種能力可以領會天地萬物永恆輪迴的神秘。父親有著美好的內在心靈，他看待世間所有的哲學都予以相同的重視與驚奇。如果有人可以感知整個宇宙，那麼宇宙存在的可能性就很確切。這跟數學家黎曼的猜想一樣真實，跟信仰一樣堅定而富於神性。

我們努力留在此時此刻，即使過去與未來的幽靈試著把我們拉走。我們的父親讚嘆著永恆回歸的巧妙設計，我們的母親朝向天堂胡亂走著，沿路施放線頭免得自己迷途。而我認為任何事情都是可能的。生活在所有事情的最底層，而信仰則在最上頭，中間住著創作的衝動，這個衝動填滿了所有的空間。我們想像著一棟房子，是一個充滿希望的矩形，房間裡有一張單人床，鋪著淺色床罩，幾本真心喜愛的書，和一部集郵冊。貼著褪色花卉圖案壁紙的牆倒下來，然後像新生的草地一樣迸開，被太陽曬得佈滿斑點，一條小溪流進更大的溪，一艘小船上有兩根顏色鮮艷的船槳和一張藍色的船帆停在那裡等著啟航。

當我的孩子們還小時，我設想有艘船，用來揚帆出海，可是我不曾登上。我根本就很少離開我家的方圓之外。夜裡我在運河旁邊念著我的禱告辭，運河兩岸都是依依長柳。那時我碰到的東西都是活著的。我丈夫的手指、一株蒲公

赫曼・赫塞的打字機，攝於瑞士的蒙塔諾拉。

英、破皮的膝蓋。當時我並沒有要想辦法把這些時刻保存起來。他們就這樣過去了，沒有留下任何足資紀念的證物。現在我飛越大洋，只為了一個目的，想要在一幀幀單一影像裡擁有羅伯．葛拉夫斯的草帽、赫塞的打字機、貝克特的眼鏡和濟慈臥病的那張床。而那些我已然失去無法再找回的東西，我用腦子記著，那些我沒有辦法看見的東西我試著去呼喚，靠著衝動我不怕碰壁，光線能到哪裡，我的邊界就到那裡。

二十六歲時，我去拍韓波的墳墓。拍出來的照片並沒有什麼特別好的地方，但是想達到的目的確實是達到了，這個目的多年以來我早已經把它遺忘。韓波一八九一年死在馬賽的一所醫院裡，得年三十七歲。臨終前他最後的願望是想回到年輕時買賣咖啡的阿比西尼亞。他當時病的很重，就快要死去，已經沒有辦法飄洋過海長途旅行去到那裡。最後當他神志不清時，他想像自己騎在馬背上馳騁於阿比西尼亞的高原。我有一串從哈拉爾買來的十九世紀藍玻璃串珠項鍊，買的時候心裡就是想帶去給他。一九七三年我去到他位於查爾維爾的墓地，靠近繆斯河岸，我用力把這些珠子深深壓進他墓碑前的一個大缸裡的泥土中。把從他心愛的國家來的某一樣東西留在靠近他之處。我之前從沒有想到這些珠子跟我為蒐內收集來的石頭有什麼關聯，但我想這些都是來自同樣一種浪漫的衝動，或許有一點自以為是、卻也還算不上是錯誤行為。之後我曾經再回到韓波的墓地，那個大缸已經不在了，然而我相信自己還是原來的那個人；這個世界無論發生再多的變化，都不會改變這一點！

我相信動。我相信這個無憂無慮漫不經心的大氣球，這個世界。我相信午夜和中午時刻。除此之外我還能夠相信什麼呢？有些時候什麼東西我都相信。有些時候什麼東西我都不信。思緒起起伏伏，就像光線在池塘水上蕩漾。我相信生命，而這生命我們每一個人終有一天會失去。年輕的時候不以為然，覺得我們會跟前人不一樣。當我還是個小孩的時候，心裡想著我絕對不要長大，而且認為只要我心裡這麼想就會成真。後來發現，其實我是到很最近才發現，發現我已經越過了某一條線，不知不覺中我已經披上了飽經歲月的真實面貌。媽的我們怎麼會變得這麼老呢？我對著我的關節這麼問，對著我鐵灰色的頭髮這麼問。如今我已經比我愛的人老了，也比我已經死去的朋友們都要老。也許我會活得很久很久，逼得紐約公共圖書館只好把維吉尼亞．吳爾芙的那根走路手杖交給我來用。我會替她珍惜保管，還有她口袋裡的那些石頭。不過我還是會繼續活下去，拒絕交出我這隻筆。

我把那個聖方濟的T型十字架鏈子從脖子上卸下，開始綁我的髮辮，頭髮還沒乾，我就開始東張西望。家就是一張書桌。一個夢的調劑混合。家就是我

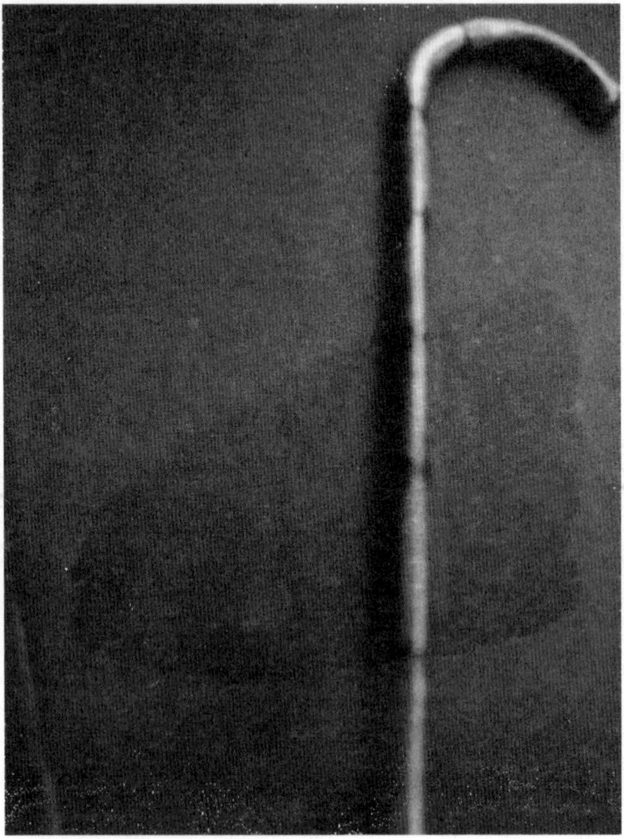

維吉尼亞·吳爾芙的手杖。

這些貓，我這些書和我一直沒有完成的作品。所有那些失去的東西有一天會再來呼喚我，我的孩子們那些臉孔有一天會再來呼喚我。也許我們的白日夢永遠都沒有辦法成真，沒有辦法再重新得回沾滿灰塵的馬刺，但是我們可以收集夢本身，將它放到沒有任何其他東西可以比擬的形體中。

我一叫開羅，她就跳到上床。這時我抬頭看見一顆孤星升起，就在天窗正上方。我試著要爬起來，突然間地心引力拉住了我，然後我彷彿聽見一曲陌生的音樂、我看到一個嬰孩的拳頭搖著一把銀色的波浪鼓、我看到一個男人的影子和他那頂牛仔帽的帽沿。他手裡玩著一圈小孩子的套索，接著他跪了下來，解開套索繩結，然後把繩子攤在地上。

——看，他說。

這條蛇吞食自己的尾巴，放開來，然後再吞一遍。那套索其實是一長串滑動的文字。我先去看上面到底寫什麼。我的甲骨文先知預言。我摸摸口袋，但是裡面既沒有筆也沒有稿紙。

——有些東西，那牛仔一邊喘著氣，我們會保留給自己。

這是該攤牌的時刻了。不可思議的神奇時刻。我擋住刺眼的光，把外套上的灰拍掉，然後甩過我的肩膀。我確確實實知道我在哪裡。我掉出框框之外看到我正在看的東西。同樣孤零零的咖啡館，不一樣的夢。原來暗褐色了無生氣的外牆現在被重新漆成亮黃，生鏽的汽油幫浦也被蓋上看起來很像是一張巨大的茶壺墊。我聳聳肩，大搖大擺地走進去，這個地方已經面目全非。裡面的桌子椅子和點唱機都已經不見。多結松木的鑲板被人拆走，原來褪色的牆被漆上殖民地藍，底下的護牆板則被刷白。本來有幾箱專業設備，金屬製的辦公室家具，和一疊一疊的小冊子。其中一堆我把它翻了一下：夏威夷，大溪地，和大西洋城的泰姬瑪哈賭場。這種前不著村後不著店的地方居然有一家旅行社。

我走進後面房間，咖啡機器咖啡豆、木頭勺子和陶瓷馬克杯全部都不見。連本來就空著的龍舌蘭酒瓶也沒有蹤跡。煙灰缸也沒有了，也沒看見我那個充滿哲理的牛仔。我感覺到他應該正朝這邊走過來，也可能他發現這個地方已經完全重新粉刷，就繼續往前走掉了。我環顧四周，這裡沒有什麼可以把我留住的，或許應該說，這裡連一隻死蜜蜂的乾屍都沒有。如果我動作快一點，也許還能夠看到他開的那台老福特平板貨車經過時揚起的團團灰塵。也許我還能趕上他然後搭一段便車。我們可以在沙漠中一起旅行一陣子，完全不需要旅行社幫忙。

——我愛你們，我低聲對所有人說，但是沒有人聽見。

——不要隨便亂愛，我聽到他說。

我走了出去，穿行過暮色，大步跨過不毛的地表。沒有什麼團團的灰塵、沒有任何人跡，但我完全不在乎。我就是我自己獨行賭局的幸運之手。眼前沙漠的景象一點沒變：一幅逐漸展開的長卷軸，假以時日我要在上面畫些東西娛樂自己。我要把所有的事都記住，我要把所有東西寫下來。為一件外套寫首詠嘆調，為一家咖啡館譜一段安魂曲。我要在夢裡，看見自己的雙手，那就是我所想的事。

「哇咖啡館」（Wow Cafe），海洋灘碼頭，洛馬岬。

本書內頁攝影大多是Patti Smith所攝。
其他攝影者標示如下：
29、34、176 頁攝影：Fred Smith。
124頁：Greg Mitchell Archive
132頁攝影：Yoshie Tominaga
276頁攝影：Tim Richmond
285頁攝影：Lenny Kaye

文學森林 LF0067

時光列車

M Train

作者

佩蒂・史密斯（Patti Smith）

集作家、表演家、音樂家、視覺藝術家於一身。佩蒂・史密斯的創作天份首先展露於一九七〇年代她將詩作與搖滾樂作革命性的結合。一九七五年，她推出首張專輯《群馬》（*Horses*），這張唱片爾後成為樂壇百大不朽經典。該專輯的封面就是羅柏・梅普索普拍攝的佩蒂，身穿白襯衫掛著黑領帶，叛逆且新穎的形象，影響後世。

史密斯將垮世代的詩歌和實驗性搖滾樂結合，被譽為「龐克搖滾桂冠詩人」（Punk's Poet Laureate）和「龐克教母」（Godmother of Punk）。她將十九世紀法國作詩法介紹給美國十幾歲的年輕人，同時她中性的公眾形象和非女性的語言風格都走在時代前端，引領創作風潮。

二〇〇五年，法國文化部頒發藝術終生成就獎給她。二〇〇四年，《滾石雜誌》頒布的百位搖滾重要人物名單中，將史密斯列為第47位。二〇〇七年，她入列搖滾名人堂，還獲得兩項葛萊美獎提名。二〇一〇年，她的自傳作品《只是孩子》榮獲美國國家書卷獎。

譯者

非爾

台北人。政大畢。降世逾五十載。半生浪擲書肆行業，屢以考究譯文為念。邇來因緣俱足，遂而煮字療飢。寓役於樂，不亦達乎！（pierrotmonami@icloud.com）

封面設計　陳文德
封面攝影　Claire Alexandra Hatfield
行銷企劃　傅恩群
編輯協力　王琦柔
版權負責　陳柏昌
副總編輯　梁心愉
初版一刷　二〇一六年三月二十一日
定價　新台幣三六〇元

ThinKingDom 新經典文化
發行人　葉美瑤
出版　新經典圖文傳播有限公司
地址　臺北市中正區重慶南路一段五七號十一樓之四
電話　02-2331-1830　傳真　02-2331-1831
讀者服務信箱　thinkingdomtw@gmail.com
部落格　http://blog.roodo.com/thinkingdom

總經銷　高寶書版集團
地址　臺北市內湖區洲子街八八號三樓
電話　02-2799-2788　傳真　02-2799-0909
海外總經銷　時報文化出版企業股份有限公司
地址　桃園縣龜山鄉萬壽路二段三五一號
電話　02-2306-6842　傳真　02-2304-9301

時光列車 / 佩蒂・史密斯（Patti Smith）著；林建興譯. -- 初版. -- 臺北市：新經典圖文傳播, 2016.03
320面；14.8x21公分. --（文學森林；YY0167）
譯自：M train
ISBN 978-986-5824-57-0（平裝）
1.史密斯（Smith, Patti）2.傳記
785.28　　105002541

M Train by Patti Smith

Published by arrangement with Dunow, Calson & Lerner Literary Agency, through The Grayhawk Agency.

Printed in Taiwan